让孩子爱上科学实验

# 天气变变变

纸上魔方 ◎ 编绘

上海科学技术文献出版社
Shanghai Scientific and Technological Literature Press

图书在版编目（CIP）数据

天气变变变 / 纸上魔方编绘. — 上海：上海科学技术文献出版社，2023
(让孩子爱上科学实验)
ISBN 978-7-5439-8843-9

Ⅰ.①天… Ⅱ.①纸… Ⅲ.①天气—儿童读物 Ⅳ.①P44-49

中国国家版本馆 CIP 数据核字（2023）第 087920 号

组稿编辑：张　树
责任编辑：王　珺

# 天气变变变

纸上魔方　编绘

\*

上海科学技术文献出版社出版发行
（上海市长乐路746号　邮政编码200040）
全 国 新 华 书 店 经 销
四川省南方印务有限公司印刷

\*

开本 700×1000　1/16　印张 10　字数 200 000
2024 年 1 月第 1 版　2024 年 1 月第 1 次印刷
ISBN 978-7-5439-8843-9
定价：49.80 元
http://www.sstlp.com

版权所有，翻印必究。若有质量印装问题，请联系工厂调换。

# 前言

在生活中,你是否遇到过一些不可思议的问题?比如被敲击一下就会伸腿前踢的膝盖,怎么用力也无法折断的小木棍;你肯定还遇到过很多不解的问题,比如天空为什么是蓝色而不是黑色或者红色,为什么会有风雨雷电;当然,你也一定非常奇怪,为什么鸡蛋能够悬在水里,为什么用吸管就能喝到瓶子里的饮料……

我们想要了解这个神奇的世界,就一定要勇敢地通过实践取得真知,像探险家一样,脚踏实地去寻找你想要的那个答案。伟大的科学家爱因斯坦曾经说:"学习知识要善于思考,思考,再思考。"除了思考之外,我们还需要动手实践,只有自己亲自动手获得的知识,才是真正属于自己的知识。如果你亲自动手,就会发现膝跳反射和人直立行走时的重心有关,你也会知道小木棍之所以折不断,是因为用力的部位离受力点太远。当然,你也能够解释天空呈现蓝色的原因,以

及风雨雷电出现的原因。

　　一切自然科学都是以实验为基础的，让小朋友从小养成自己动手做实验的好习惯，是非常有利于培养他们的科学素养的。在本套丛书中，读者将体验变身《化学魔法师》的乐趣，跟随作者走进《人体大发现》，通过实验认识到《光会搞怪》《水也会疯狂》，发现《植物有脾气》《动物真有趣》，探索《地理的秘密》《电磁的魔性》以及《天气变变变》的奥秘。这就是本套丛书包括的最主要的内容，它全面而详细地向你展示了一个多姿多彩的美妙世界。还在等什么呢，和我们一起在实验的世界中畅游吧！

# 目 录

灰蒙蒙的沙尘暴 / 1
会"跳舞"的小纸条 / 4
瓶中忽现的小水滴 / 7
一起来做冻冰花 / 10
会变色的小花 / 13
会"下雪"的杯子 / 16
活跃的风速仪 / 19
动手制造对流箱 / 22
神奇的温度计 / 25

见火乱窜的"小蛇" / 28
可怜的小鱼 / 31
"听话"的手压式小风车 / 34
巧制透明冰块 / 37
爱"变脸"的"气球娃娃" / 40
看彩虹的绝招 / 43
会"变魔法"的水分子 / 46
会冒烟的瓶子 / 49

冰块融化后会怎样 / 52
探索水流结冰的奥秘 / 55
致命的二氧化碳 / 58
着火的青烟 / 61
霜是怎样形成的? / 64
闪电是怎样形成的 / 67
自己动手来"下雨" / 70
美丽的彩霞 / 73

动手来测降雨量 / 76

自制湿度计 / 79

百叶箱的小秘密 / 82

巧制气压计 / 85

不可思议的结冰现象 / 88

瓶子被冰胀裂了 / 91

切不开的冰块 / 94

烟雾的行踪 / 97

见鬼的风车 / 100

杯子中的"龙卷风" / 103

吹不灭的蜡烛 / 106

喜欢风的箭头 / 109

水与土的比赛 / 112

一起动手来造雾 / 115

卡片上的七彩虹 / 118

会"搬家"的水 / 121

杯子也会"流汗" / 124

"胖瘦不一"的雨滴 / 127

盘子也会滴水 / 130

好大的洪水 / 133

粉笔上的"S"哪去了 / 136

光与声谁"跑"得快 / 139

雷电离你有多远 / 142

爆炸的纸袋 / 145

人造"小闪电" / 148

空气是这样热起来的 / 151

沿海地区的好天气 / 153

# 灰蒙蒙的沙尘暴

你需要准备的材料：
☆ 两盆同等重量的干沙
☆ 一个小风扇
☆ 一个卷尺

◎ **实验开始：**

1．在公园的草坪中，先将一盆干沙放在草坪上，用小风扇对着干沙吹一段时间；

2．再将另一盆干沙放在平地上，同样用小风扇对着干沙吹，吹的时间与第一次的相同；

3．用卷尺测量两次干沙被吹走的距离。

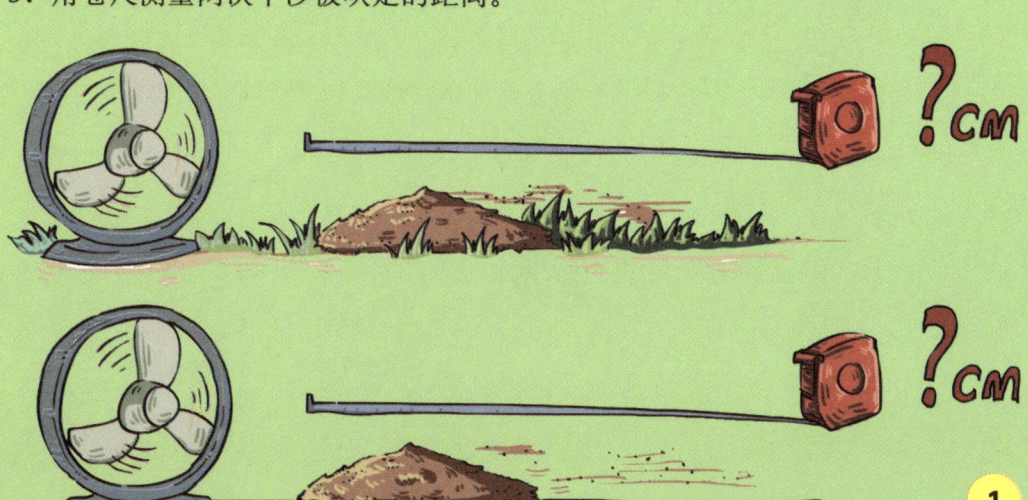

◎ **有趣的发现：**

你会发现，放在草坪上的干沙被吹走的距离近，放在平地上的干沙被吹走的距离远。

嘉嘉："孔墨庄叔叔，您今天给我们演示的实验是介绍沙子的吗？"

皮皮："可是这跟草有什么关系？"

丹丹："我听说植物有防风固沙的作用，是吗？"

孔墨庄叔叔："丹丹说得对，我今天要给你们介绍的是沙尘暴。沙尘暴是大风夹杂着沙子刮起来的灾害性天气现象，它的形成与地球温室效应、森林被大幅度地破坏、物种灭绝、气候异常等因素的关系很大。其中，由于人口膨胀导致的过度开发自然资源、过量砍伐森林、过度开垦土地是沙尘暴经常发生的主要原因，因此我们人类需要减少土地开垦、多植树造林才能防止沙尘暴。我是想通过这个实验告诉你们，植被可以有效地防止沙尘暴的发生。"

120 cm

200 cm

## 可怕的沙尘暴

当沙尘暴到来时,沙尘会漫天飞舞,这就会让天气很阴沉,严重时会刮走肥沃的土壤、种子和幼苗,甚至还会导致大量"牲畜"的牲畜死亡。沙尘暴还会使地表层的土壤风蚀、沙漠化加剧,覆盖在植物叶面上的厚厚的沙尘会影响正常的光合作用,造成作物减产。

此外,沙尘中含有各种有毒化学物质、病菌等,它们可以在刮风的过程中进入到我们的口、鼻、眼、耳中。这些含有大量有害物质的尘土如果得不到及时的清理,将对这些器官造成损害或引发各种疾病。

一场大风后,皮皮家的窗台上蹲着一只长嘴巴的灰色的鸟。

嘉嘉:"这是什么鸟,看起来很丑啊!"

皮皮:"你没听孔墨庄叔叔跟咱们说的沙尘暴的威力吗?这说不定是从原始森林中被吹来的珍贵物种啊!"

嘉嘉:"我看你是在做梦!"

# 会"跳舞"的小纸条

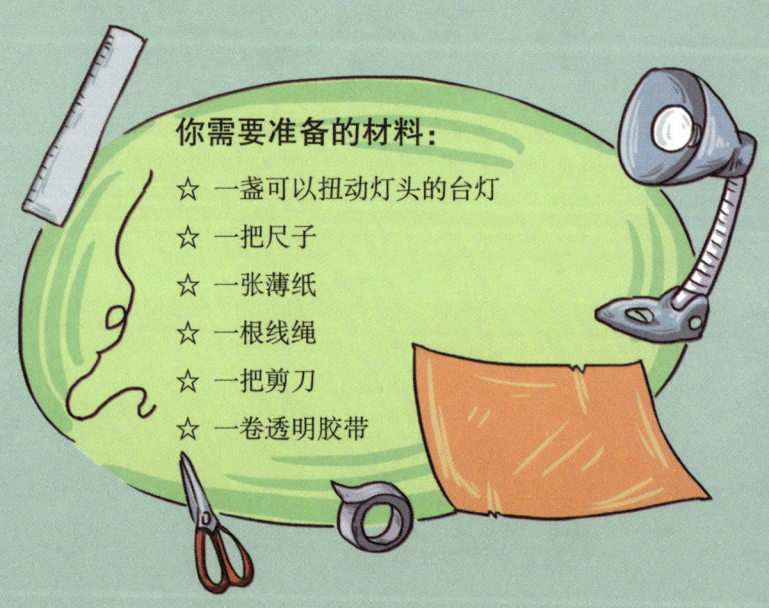

◎ 实验开始:

1. 用剪刀把薄纸先剪成一张圆纸片,然后再剪成螺旋形状;
2. 把线绳剪出一条15厘米左右的线段;
3. 用透明胶带把线段的一头粘在螺旋纸片的中心位置;
4. 把台灯的一头向上扭转,让灯泡朝上,然后打开灯;
5. 用手提着线段的一头,让螺旋纸条处在灯泡的上方10厘米左右处。

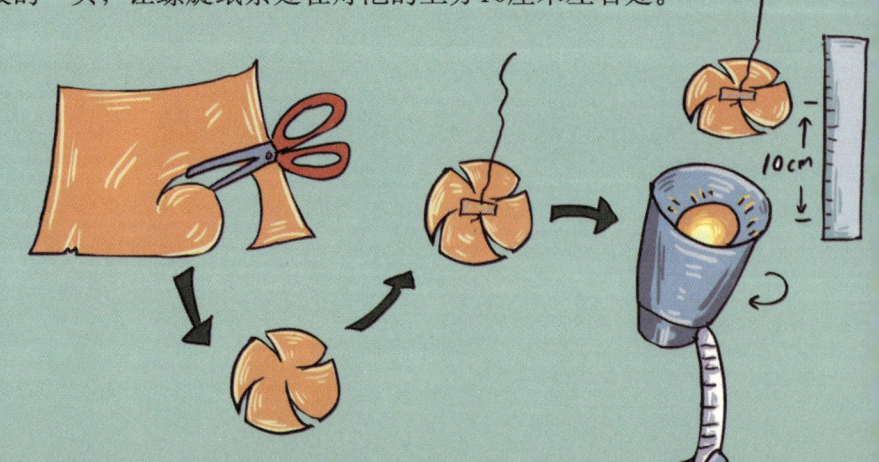

◎有趣的发现：

你会发现，过一会儿，随着灯泡的温度升高，螺旋纸条开始旋转。

皮皮点点头，不解地问："是什么让纸片旋转起来了？"

嘉嘉："是啊，我们并没有看见有起风的现象啊！"

丹丹拍手笑着说："这个实验实在是太有趣了！"

孔墨庄叔叔说："是热量让我们看到了起风现象，因为灯泡发光以后会产生热能，这些热能让灯泡上方的空气温度慢慢升高。当空气中的分子吸收了足够多的热量后，冷热空气对流就会加快，热空气就开始变轻并且慢慢地上升了。而周围的空气温度较低，所以就会下沉，这样灯泡周围的热空气与周围和上方的冷空气就形成一个流动的现象，只要台灯开着，这种空气的流动就一直存在。我们把这种由于空气温度不同而产生的空气流动叫'对流'。"

## 为什么春秋天会经常刮风？

我们知道，风是由空气对流形成的。在春天和秋天这两个季节里，由于陆地上的冷热不匀，这样就会很容易形成空气的运动，促成风的形成。

我们用夏天的季风为例来解释它的形成。夏天的时候，大陆上的温度增加得要比海洋中的快，气压随高度变化要比海洋上空慢，所以到了一定的高度，就会产生从大陆指向海洋的气压的不同，当空气由大陆指向海洋时，海洋上就形成了高压，大陆上空形成了低压，于是，空气就从海洋流向了大陆，形成了与高空方向相反的气流，构成了夏季的季风环流。

皮皮："有一次，我正在外边玩，大风把我刮到了一个美丽的小岛上，我拍了很多照片。丹丹，要是有这样的风刮来，你最大的愿望是什么？"

丹丹："把你这个好吹牛皮的家伙快点刮跑！"

# 瓶中忽现的小水滴

你需要准备的材料：

☆ 一个玻璃瓶
☆ 一个钟表
☆ 一个可以放下玻璃瓶的大容器
☆ 适量的水
☆ 适量的冰块
☆ 一条干燥的毛巾

◎ 实验开始：

1. 用双手贴紧玻璃瓶紧紧捂2分钟；
2. 用嘴对着玻璃瓶表面吹两口气；
3. 观察一下瓶子的变化，然后在容器内装入一半的水，把一些冰块放到水中，让水冷却；
4. 把玻璃瓶放进水中；
5. 2分钟后取出玻璃瓶，用毛巾将瓶子快速地擦干；
6. 再向玻璃瓶的表面吹口气，观察瓶身的变化。

两分钟

两分钟

◎ **有趣的发现：**

在普通室温下，我们向瓶子吹气，瓶子的表面会变得朦胧一片，但瓶子表面很快就会恢复成原来的样子。我们在冰冻的水里浸过瓶子后，再向瓶子吹气，瓶身先变得模糊，但随后这团雾气就会形成小水滴。如果空气的温度很高，整个玻璃瓶都会变得模糊。

皮皮好奇地问："我们从口中吹出的气带水吗？怎么吹到玻璃瓶上形成小滴了？"

嘉嘉："但是我发现，冬天我们在屋子外面会吹出气来！"

丹丹："可是我看不到我们吹出了什么呀！"

孔墨庄叔叔说："你们知道吗，我们吹出的气体水分很大，相当于水蒸气，当它吹到瓶子上时，会在瓶子的表面上由雾状转变为液体，这样就形成了水滴状。在你第一次吹气时，瓶子的温度还比较高，所以水滴被蒸发成气体，玻璃瓶上的雾状很快就不见了。而在冰冷的瓶子上，温度很低，雾状的气体就慢慢地变成了液体，所以就在玻璃瓶壁上形成了水滴。"

## 露珠的益处

在初冬的时候,我们经常会在大树的叶子上看见很多小露珠;在农作物生长的季节里,也经常会有露珠的出现。千万别小看了这些小水滴,它对农业生产是有益的。在我国北方的夏季,水蒸发得很快,当遇到缺雨干旱的季节时,农作物的叶子有时白天被晒得卷缩发干,但是夜间有露时,叶子就又恢复了原来的样子。

早上,丹丹和皮皮走在学校操场的草地上。

丹丹:"皮皮,你看小草上面的露珠圆圆的,多么可爱啊!"

皮皮:"是啊,我感冒的时候,鼻子也会偶尔掉一些'露珠'下来!"

# 一起来做冻冰花

你需要准备的材料:
- ☆ 一个小碗
- ☆ 棉线
- ☆ 一些不怕水的亮光纸纸屑
- ☆ 适量的水

◎ **实验开始:**

1. 在小碗中放入亮光纸纸屑,并倒满水;
2. 将棉线的一头放入小碗中,另一头露在碗外面;
3. 将小碗放入冰箱冷冻;
4. 冻好后,把冰花提出来即可。

◎ 有趣的发现：

你会发现，纸屑和冰冻在了一起，被拉出来的棉线的一部分上面有一闪一闪的冰花。

嘉嘉："很漂亮，但是我记得我们在平时也会见到很多冰花！"

丹丹眨巴着眼睛说："孔墨庄叔叔，您今天又要给我们讲大自然的一个美景吧？"

皮皮："是啊，比方说，冬天落在我们身上的雪花就很漂亮！"

孔墨庄叔叔："是啊，我想通过这个实验告诉你们，冬天窗外的'树挂'是怎么形成的。我们经常在冷天看到松树上面挂着白白的小冰粒，这就叫'雾凇'，当温度很低的时候，冷空气将过冷水滴冻结了，就形成了这种白色或乳白色的不透明小颗粒。不过，这些过冷水滴不是从天上掉下来的，而是浮在气流中被风吹过来的。这种小水滴其实是组成云的云滴。过冷水滴在零度以下时，如果碰撞到同样比冻结的温度低的物体时，就会形成雾凇。

## 我们在哪里会常看见雾凇？

被过冷水环绕的山顶上最容易形成雾凇，在寒冷的天气里，泉水、河流、湖泊或池塘附近的蒸雾也能形成雾凇。雾凇所形成的美景非常漂亮，但是它有时也会成为一种自然灾害。严重的雾凇有时会将电线、树木压断，造成不可挽回的经济损失。

皮皮在窗前偷笑。

嘉嘉："有什么事情让你这么开心啊？"

皮皮："听完孔墨庄叔叔讲的雾凇，我忽然想，以后再让爸爸扮演圣诞老人就不用在他的嘴上抹奶油，浪费我的奶油了，直接打开冰箱让他趴在边上不就行了！"

# 会变色的小花

你需要准备的材料：
☆ 一张白纸
☆ 一瓶二氯化钴溶液
☆ 一个花瓶

◎ 实验开始：

1. 把白纸做成一朵花；
2. 把做成花的白纸泡在二氯化钴溶液中；
3. 将这朵花晾干放在花瓶里。

◎ **有趣的发现：**

你会发现，当雨天即将到来的时候，白花就会变成红色；当晴天即将到来的时候，白花就会变成蓝色。

皮皮："这个普通的小花没有这么神奇吧？"

嘉嘉："我还没有发现这其中的玄机呢！"

丹丹："我想奥秘应该在二氯化钴溶液中，它起的是什么样的作用呢？"

孔墨庄叔叔："丹丹真聪明。这里利用的是二氯化钴的化学性质来判断天气的。在常温下，二氯化钴会吸收空气中的水分，空气中湿度不同时它具有不同的颜色。如果空气湿度大，此时的二氯化钴就会显粉红色，这就告诉我们马上会有阴雨天气了，如果空气很干燥，二氯化钴就变成了蓝色。我们可以根据这点预测出天气是晴天还是下雨天。"

## 你能听懂预报天气中的术语吗？

经常看天气预报的人会发现里面有很多专业术语，的确，对于不同的天气人们有规定的说法。比如，"零星小雨"指的是降水时间很短，降水量不超过0.1毫米的雨；"有时有小雨"是说天气阴沉，有时会有很短时间的降雨；"阵雨"指的是在夏季下雨和停雨都很突然的雨，这种雨有时候大，有时候小，不过一般降雨量都比较大；"雷阵雨"则是指下阵雨时伴着雷鸣电闪；"局部地区有雨"指小范围地区有降水发生，不过这种雨分布没有规律。

丹丹皱着眉头说："我想了半天也想不到我们还有什么熟悉的办法能够预测空气的湿度的！"

皮皮："这还不简单，看见我的宠物狗哈利了吗？如果它热得将舌头吐了出来，说明此时的空气绝对是干燥的！"

# 会"下雪"的杯子

你需要准备的材料：
- ☆ 一张石棉网
- ☆ 一个小瓷碗
- ☆ 适量苯甲酸
- ☆ 一个积木小屋子
- ☆ 一根树枝
- ☆ 一个酒精灯
- ☆ 一个大烧杯

◎ 实验开始：

1．把装有少量苯甲酸的小瓷碗放在石棉网上，再把积木小屋子和树枝摆好；

2．用大烧杯罩住所有的物品，将酒精灯点燃；

3．然后把点燃的酒精灯放在石棉网下面。

苯甲酸

◎ **有趣的发现：**

你会发现，过了一会儿，小屋子和树枝上面全都像是下了雪一样。

嘉嘉："老师给我们讲过，这个实验用的是苯甲酸升华制造出来的雪景！"

皮皮："哈哈，这下我们以后可以自己制造雪景了！"

丹丹："那么，真正的雪花是这样形成的吗？"

孔墨庄叔叔："雪花的形状其实有很多，但基本上都是各种各样的六角形，这是因为雪花属于六方晶系。雪花的'胚胎'只是一种小冰晶，当这些小冰晶增长的时候，附近的水汽会被慢慢地消耗掉。这时，更多的水汽就会从冰晶的周围向冰晶所在的地方移动，并在冰晶的各个角棱和凸出的部分凝华。慢慢地，这个冰晶会越来越大，各个角棱和凸出部分也会形成枝叉的形状，最后就形成了我们熟悉的小雪花了。"

## 形态万千的雪花

雪花在云里面下降的过程中,会从适合自己形成这种形状的环境中降到适合另一种形状的环境,于是便出现了各种复杂的雪花形状,有的像是袖扣,有的像是刺猬。即使都是像星星一样的雪花,也有三个枝叉的、六个枝叉的,甚至还有十二个枝叉、十八个枝叉的,雪花的形态可谓是千变万化。

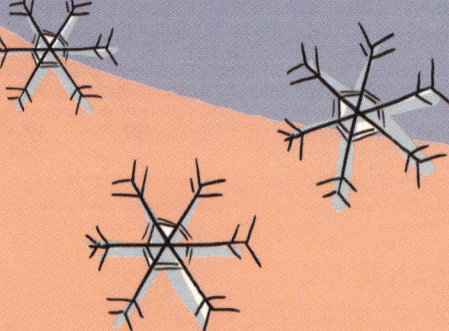

孔墨庄叔叔:"皮皮,你知道吗,雪花还有保暖的作用呢!"

皮皮:"不是吧,雪花的温度那么低。"

孔墨庄叔叔:"这当然是和雪花的特性分不开的。雪花之间有很多孔隙,孔隙中钻进了很多空气,就是这层空气,能起到保温的作用。这和棉袄能保温的道理一样。"

# 活跃的风速仪

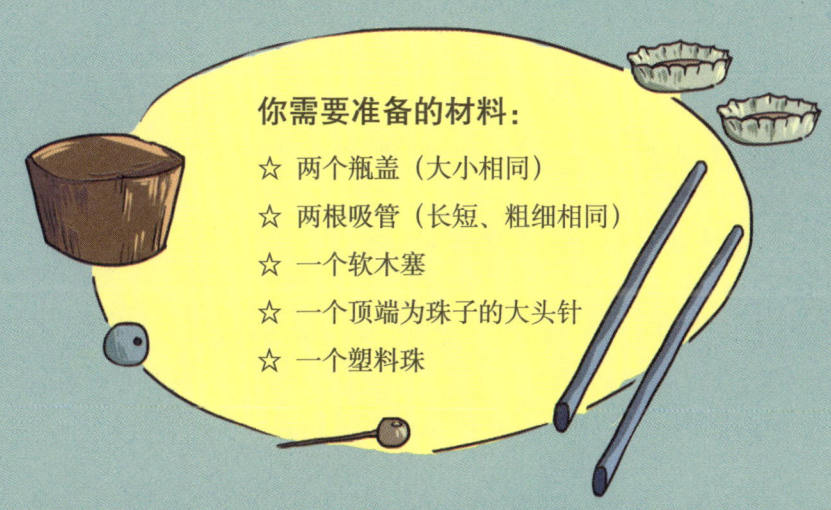

你需要准备的材料：

☆ 两个瓶盖（大小相同）
☆ 两根吸管（长短、粗细相同）
☆ 一个软木塞
☆ 一个顶端为珠子的大头针
☆ 一个塑料珠

◎ 实验开始：

1. 将两根吸管交叉插在一起呈十字状；
2. 用强力胶将瓶盖固定在吸管的两头；
3. 将大头针穿过吸管中心，再穿过塑料珠扎在软木塞上，风速仪就做好了。

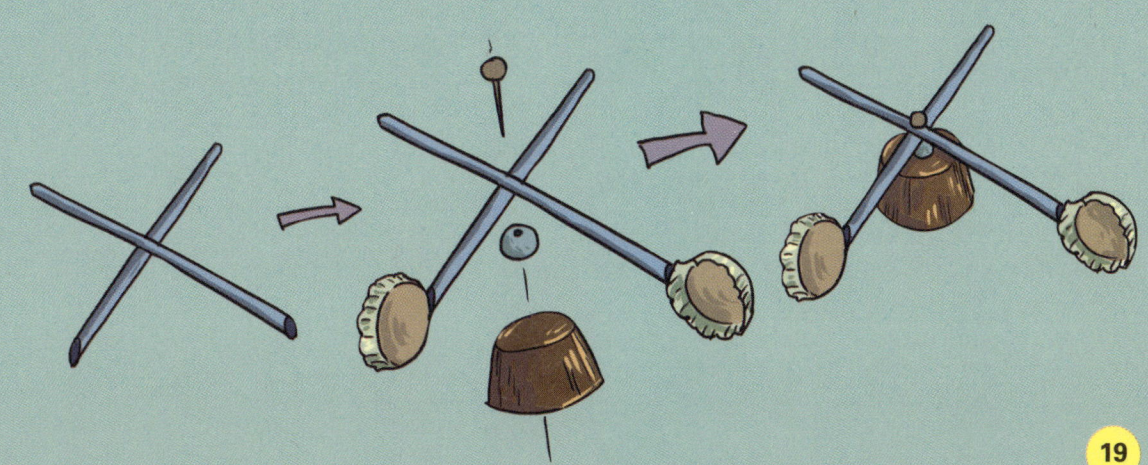

◎**有趣的发现：**

把风速仪放在室外，你会发现，当风大的时候，风速仪转动得就快；当风小的时候，风速仪转动得就慢。

皮皮做了个鬼脸："如果风太大，我们的风速仪兴许就保不住了！"

丹丹："风的大小是由什么决定的呢？"

嘉嘉："如果有大风刮来的时候，一定会下雨吧？"

孔墨庄叔叔："风流动的快慢决定了风速的大小。所以，我们能够根据风速仪的转动来确定风速的大小，风速仪每分钟转动的次数越多，就表明风速快，也就是说这个时候刮得风越大。不过有大风刮来不一定就是要下雨，但是有时候风速忽然很快地增大时，可能预示着会有大雨或暴雨。

## 龙卷风刮来的彩色雨

1608年，大西洋的一股龙卷风把北非沙漠中大量微红色、赭石色的尘土卷入空中，与云中水滴凝结到一起，刮向法国南部的一个小镇。就在短短的工夫，房子、树和大地全都红了，整个小镇就像是浸入到一片殷红的"血雨"中。

1954年，美国有些人又亲眼看见了一场美丽的"蓝雨"。原来是龙卷风将美洲杨树和榆树未成熟的花粉吹向了天空，溶在雨滴中，把雨变成了蓝色。

1959年春，龙卷风又把黄色的松树花粉掺入了雨中，让俄罗斯恰多斯基区下了一场黄色的雨。

嘉嘉："让我来发明一个更简单的测风速的工具吧！"

皮皮："不用发明，我给你说个现成的：在窗台上挂上自己的袜子，如果风大，它自然就被吹掉了。哈哈！"

# 动手制造对流箱

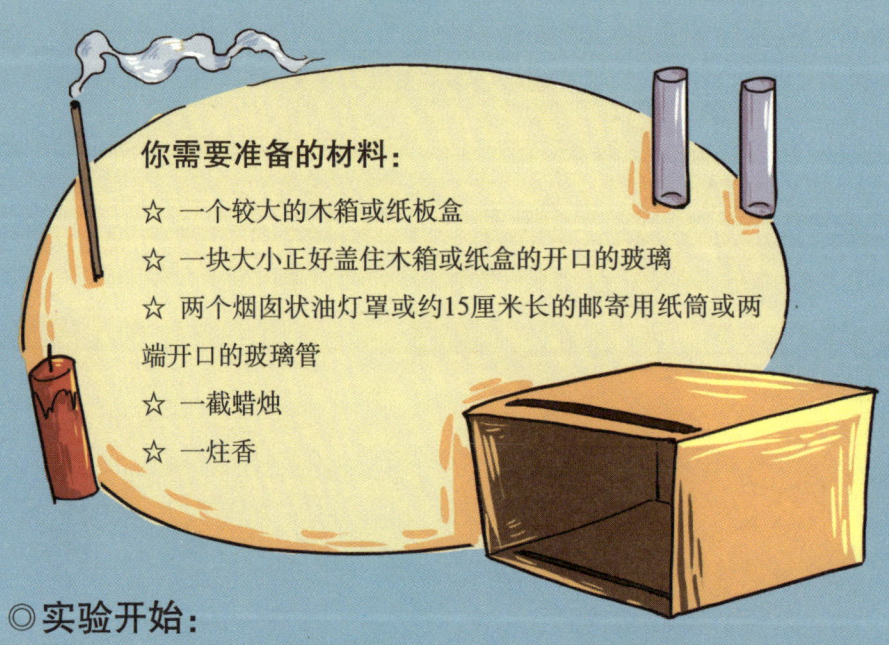

你需要准备的材料：

☆ 一个较大的木箱或纸板盒
☆ 一块大小正好盖住木箱或纸盒的开口的玻璃
☆ 两个烟囱状油灯罩或约15厘米长的邮寄用纸筒或两端开口的玻璃管
☆ 一截蜡烛
☆ 一炷香

◎ **实验开始：**

1．在木箱或纸盒开口的上下两边（长边）开个槽口，使玻璃刚好插进去，作为观测窗；

2．在箱或盒朝上的一面上钻两个相距较近的孔洞，直径在2.5～3厘米之间；

3．用两个烟囱状油灯罩或替代物罩住在孔洞；

4．把一小截蜡烛放在盒子里面，正对着一个烟囱；

5．点燃蜡烛，此时箱子里的环境代表被太阳晒热的陆地；

6．关上玻璃窗，用一炷燃香跟踪两个烟囱中的气流。

直径2.5～3cm

◎ **有趣的发现：**

你会发现，燃香所冒的烟并不是直着朝上，而是有所偏折。

嘉嘉："我想，风大的时候，就会形成一股强大的对流了！"

皮皮："这个实验说明产生了风，是吗？"

丹丹："这样的天气应该是什么样的呢？"

孔墨庄叔叔："没错，世间确实存在着强对流天气，强对流天气一般发生得非常突然，经常伴有雷雨、大风、冰雹、龙卷风或局部强降雨等非常恶劣的气象，对大地的破坏力非常巨大。这种坏天气会导致房屋倒塌、庄稼和树木的大规模破坏与电信交通障碍等，严重的还会导致人员伤亡。"

## 世界上著名的季风区

亚洲地区是世界上最著名的季风区,这个季风区主要有两个季风环流——冬季盛行的东北季风和夏季盛行的西南季风,这两种季风的转换非常快,而且经常会在人意想不到的情况下突然转变天气。一般来说,11月至第二年的3月是冬季风时期,6~9月为夏季风时期,4~5月和10月为夏、冬季风转换的过渡时期。但不同地区的季节差异有所不同,因而季风的划分也不完全一致。

嘉嘉低调地对皮皮说:"我想给同学们在圣诞节表演一个新奇的节目,让桌子上的铅笔飞起来,可是怎么也想不出好办法。"

皮皮拍拍嘉嘉的肩膀说:"有的时候我觉得你真笨,孔墨庄叔叔不是给咱们讲了空气的对流了吗?我们在铅笔的旁边对着吹不就起风了?这样铅笔自然就飞起来了!"

# 神奇的温度计

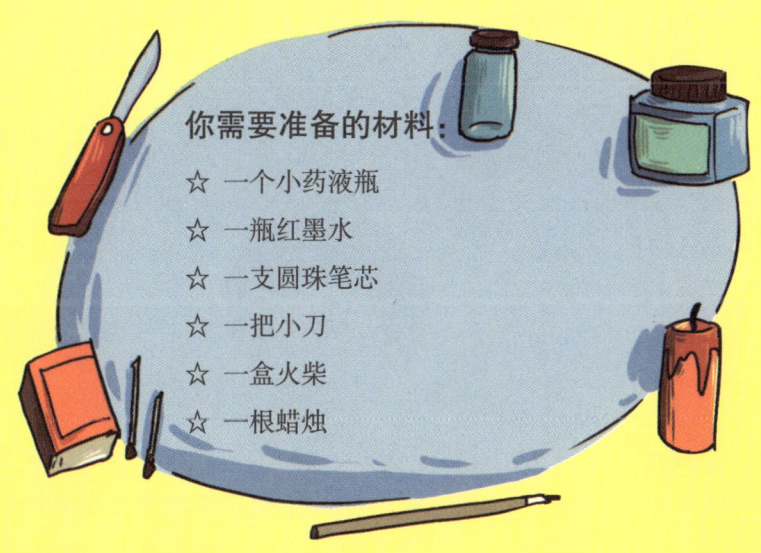

你需要准备的材料:
- ☆ 一个小药液瓶
- ☆ 一瓶红墨水
- ☆ 一支圆珠笔芯
- ☆ 一把小刀
- ☆ 一盒火柴
- ☆ 一根蜡烛

◎ **实验开始:**

1. 把小药液瓶灌满红墨水;

2. 在橡皮帽上钻个小洞,使圆珠笔芯刚好插进去为宜;

3. 把插了圆珠笔芯的橡皮帽盖在灌满了红墨水的小药液瓶上(应该有一小节红墨水上升到圆珠笔芯中);

4. 将蜡烛点燃,然后将圆珠笔芯接口的地方用熔化的蜡块封严;

5. 对照着温度计的温度指示,比如温度计指示为25℃,则在圆珠笔芯上红墨水的液面位置划一个刻度并标为25℃,然后同时放入热水中,再对照温度计在圆珠笔芯上标一个刻度,比如说是65℃,则把这两个刻度之间平分为40分,每一分就代表1℃的温差。根据这一比例把刻度标全。

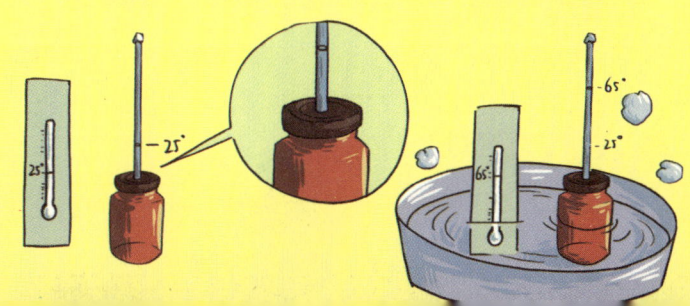

◎ **有趣的发现：**

你会发现，笔芯里的红墨水在一个固定的刻度上，到了中午热的时候，红墨水所指的刻度就升高了。

嘉嘉："我们经常会在电脑上或者汽车上看到有指示温度的提示。"

丹丹："孔墨庄叔叔，我很想知道，人们是通过什么程序准确地预测到未来的天气呢？"

皮皮："是呀，我们这些潮人可能已经用不上这么原始的温度计了。"

孔墨庄叔叔："哈哈，这个过程我们大多需要电子计算机的帮助。首先，人们通过观测站以及气象卫星、气象雷达等设备把观测得来的数据逐级上传到气象局，然后全球的观测国家之间都会关注到这个数据，它们会将这个数据记录到大型计算机中，通过计算得出各种预报要素和形势图以及预报的结果，然后通过卫星下发到各个地区气象局。"

## 大气温度

大气层中气体的温度叫气温,气温的高低是直接受光照强度的影响的,光照的时间越长,照射到的表面积越大,这里气体的温度就会越高。气象部门所说的地面气温,就是指高于地面约1.5米处百叶箱中的温度。

皮皮:"其实,能够预报未来天气的方法实在是太多了!"

丹丹:"那你再为我们例举一些吧!"

皮皮:"比方说,如果爸爸早上带着雨伞出去,就说明今天会下雨;如果爸爸早上带着凉帽出去,就说明今天是高温天气!"

# 见火乱窜的"小蛇"

◎ 实验开始：

1. 在卡纸上画粗粗的螺旋线，末端画成一个蛇头的形状；
2. 根据图形，沿线剪开，再在"蛇尾"的中间处戳一个小孔；
3. 在图形的小孔处穿过一根细塑料吸管，这就是蛇形风车；
4. 在铅笔的橡皮头上插一个大头针；
5. 剪一小截细塑料吸管并把一头封死，套在大头针上成为套帽；
6. 在空胶卷盒的顶部开一个圆孔，垂直插入铅笔；
7. 将蛇形风车中间的小孔穿过套帽，风车就完成了；
8. 在风车的下方点燃蜡烛，观察此时风车的情况。

◎ 有趣的发现：

你会发现，当点燃蜡烛的时候，这条蛇开始转动。如果把风车放到火炉或暖气上方任何地方，也有同样的效果。

嘉嘉皱着眉头说："我看不出里面的玄机！"

皮皮："我没有看见风啊！"

丹丹："孔墨庄叔叔，快来帮我们揭开谜底吧！"

孔墨庄叔叔："呵呵，这个实验讲的可不是空气的对流形成风了。你们知道吗，暖空气比冷空气轻，当我们点燃蜡烛以后，在蜡烛附近的是暖空气，暖空气不断上升，这样冷暖空气就会产生对流，也就是形成了风，它能推动风车转动。在我们的日常生活中，比如说在房间里，暖空气会一直上升，然后沿着天花板流到窗口，在窗口处受到冷却又下降到地板上，然后遇热又上升了，冷暖空气就这样反复地在房间里面流动着。

## 季风的范围

季风活动的范围很广，它对人类的生活也有深远的影响。西太平洋、南亚、东亚、非洲中部和澳大利亚北部都是季风活动明显的地区，最显著的季风当属印度季风和东亚季风了。中美洲的太平洋沿岸也有小范围的季风区，而欧洲和北美洲则没有明显的风的趋势和季风现象。

皮皮："热空气比冷空气轻能够解释大自然的很多现象啊！"

孔墨庄叔叔好奇地问："难道你又有了什么新的发现？"

皮皮："您看，为什么鸟儿喜欢在高空飞翔和生活呢？因为热气都飞升到了高空中了，它们在低处会觉得很冷！"

# 可怜的小鱼

**你需要准备的材料：**

☆ 一条小金鱼

☆ 一个装得半满的鱼缸

☆ 一把浇花的小水壶

☆ 适量稀硫酸溶液（模拟酸雨溶液）

◎ 实验开始：

1. 将小金鱼放在装得半满的鱼缸里；
2. 将稀硫酸溶液装入浇花的小水壶里；
3. 把小水壶里面的水倒进鱼缸里。

◎ 有趣的发现：

你会发现，将鱼放入模拟酸雨溶液10～15秒后，鱼已经开始跳出鱼缸里，这时候再将鱼继续放入模拟酸雨溶液中，鱼在模拟酸雨溶液中不断地挣扎，想再跳出模拟的酸雨溶液。1～2分钟后，鱼已经出现翻肚的现象。4～5分钟时，鱼已经奄奄一息，然后就死了。将在模拟酸雨溶液中的鱼捞出来解剖，发现鱼鳃已经变成了褐红色，再剖开鱼的肚子，鱼的内脏还是很正常的。

皮皮的眼睛瞪得圆圆的："这真的不是一个有趣的发现耶！"

嘉嘉："酸雨的危害真的有这么大吗？"

丹丹："酸雨到底是怎么形成的呢？"

孔墨庄叔叔："酸雨是随着工业高度发展而出现的，由于人类大量使用煤、石油、天然气等化石燃料，这些化石燃料燃烧后就会产生硫氧化物或氮氧化物，它们在大气中经过复杂的化学反应，形成了硫酸或硝酸气溶胶，这些物质有一部分被雨、雪、雾等吸收，降落到地面就成了酸雨。在刚才的实验中，溶液中的酸性物质会让鱼鳃形成黏膜，这样就阻碍了鱼吸收氧气。如果黏膜增加的话，鱼就会因为呼吸困难而死。另外，酸雨还会间接地造成铝离子释放到土壤中，这些铝离子经由雨水冲刷流入各种水体里，铝离子会将鱼的鳃烧毁，并留在它的器官内，对鱼造成很大的伤害，这会要了水里鱼的命啊！"

## 酸雨的危害

酸雨对生物和建筑物等的危害很大，它可以导致土壤酸化，植物长期和过量地吸收酸雨中所含的铝会中毒，甚至死亡。酸雨还能加速土壤矿物质营养元素的流失；改变土壤结构，让土壤的质量越来越差，长期下去，会影响植物的正常发育；酸雨还会诱发植物病虫害，使农作物大幅度地减产，森林的病虫害也因此明显地增加了。

此外，酸雨还能使非金属建筑材料（混凝土、砂浆和灰砂砖）表面硬化、水泥溶解，出现空洞和裂缝，这对各种建筑物的损害也会非常大。

皮皮："其实多下点酸雨挺好！"

嘉嘉愤怒地说："现在老师提倡我们要努力地保护环境！"

皮皮："可是酸雨能杀死很多害虫啊！"

嘉嘉："但是你没听孔墨庄叔叔说，酸雨不但会导致鱼死亡，还会污染土壤，腐蚀非金属建筑材料，从而损坏建筑物，你看酸雨的危害多大呀！"

皮皮："哦，是啊，我怎么忘记这些了，嗯，我们还是应该保护环境，不要让酸雨降落下来呀！"

# "听话"的手压式小风车

你需要准备的材料：
☆ 一个带盖的饮料瓶
☆ 一根铁钉
☆ 一把锤子
☆ 一个废易拉罐
☆ 一段长14厘米的细铁丝
☆ 一段长2厘米的吸管
☆ 一段长5厘米的饮料吸管

◎ **实验开始：**

1．找一个带盖的饮料瓶，取下瓶盖，在瓶盖半径的1／2处钻一个小孔；

2．在孔中塞进一段长5厘米的饮料吸管；

3．用废易拉罐剪出一长4厘米、宽2厘米的长方形铝片；

4．将一段长2厘米的吸管放在铝片中间，用胶带粘牢做轴套，再将铝片弯成"S"形；

5．把一段长14厘米的细铁丝穿进吸管，用它来做转轴，再将露出轴套两侧的铁丝折成直角，成为"U"形支架；

6．将插有吸管的瓶盖盖在饮料瓶上，再将风车放在上面，使支架的两条腿跨在瓶盖上，吸管口要对着风车叶片的凹面，它们之间的距离要适当；

7．然后将支架的两条腿调整好，手压式风车就完成了；

8．手握饮料瓶，用手指对饮料瓶一压一放。

◎ **有趣的发现：**

你会发现，空气由吸管口喷出，风车不停地转动起来。如果使劲并且高频率地挤压饮料瓶，风车会转得更快。

嘉嘉："这回风车转得挺快，其实风的种类确实很多！"

皮皮："听说沿海地区会经常刮台风。"

丹丹："我想各种风的形成都有它自己的成因，孔墨庄叔叔，您就给我们介绍一下这个风力强的台风吧！"

孔墨庄叔叔："在热带或副热带海洋上，海水的温度一般都在26℃以上，极为容易因温度高而膨胀蒸发成水汽。这样一来，其附近的空气密度必然减小、质量减轻，而周围温度较低、密度较大的空气会迅速进行补充，然后再上升，如此循环不已。这样在洋面上就会形成一种弱小的热带涡旋，这就是台风的'胚胎'。涡旋内的气压比四周低，容易促使周围空气旋转得更加猛烈，最后形成了台风。"

## 台风的特点

台风一般具有季节性,通常会发生在夏末秋初的换季时节。特殊情况下,最早不会早于5月初,最迟也不会晚于11月份。台风的风向变幻莫测,人们很难准确地测算出它的登陆地点。台风给一个地区带来的灾害是十分巨大的,它有可能卷到许多树木和不牢固的建筑物,会毁坏各种线路,对海上的船只和海边的农作物造成的破坏更是无法估量。当强台风即将登陆时,其力量是我们人类凭借自己的力量无法抗拒的,因此应提前做好防护和转移工作。

嘉嘉:"皮皮,昨晚的风可真大啊,有很多树枝都被吹到我屋子里了!"

皮皮耸耸肩膀说:"没什么,这风力比起我们数学老师的差远了,我上课打哈欠的时候,他都能把讲桌上的粉笔灰吹到我嘴里来!"

# 巧制透明冰块

你需要准备的材料：
☆ 一只干净的制冰盘
☆ 一碗清水
☆ 两根竹筷子
☆ 一台冰箱

◎ 实验开始：

1. 在干净的制冰盘里倒入一些清水；
2. 把盘移到冰箱冷冻库里，在盘下面垫两根竹筷子，使盘子与冰箱间留一点空隙。

◎ **有趣的发现：**

过一段时间后，取出盘子你会发现，制出来的冰块非常清澈透明。

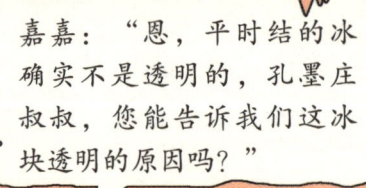

嘉嘉："恩，平时结的冰确实不是透明的，孔墨庄叔叔，您能告诉我们这冰块透明的原因吗？"

皮皮努努嘴巴说："制冰块是一件很简单的事情吧？"

丹丹："我们这里可是在研究怎样制出透明的冰哦！"

孔墨庄叔叔："你们看，我们在盘下面垫两根竹筷子，会留出来一点空隙，这样会让冷传导的速度慢了些，让水慢慢地冻结，这时候空气就有机会往外跑，制出来的冰块自然就清澈透明了。平时，我们用冰箱冷冻库制冰时，做出来的冰块常常是白色的，那是因为水里头的空气挤在一起产生气泡，然后被急速冷冻，这样就成了我们看到的白色。这下你们明白了吧？"

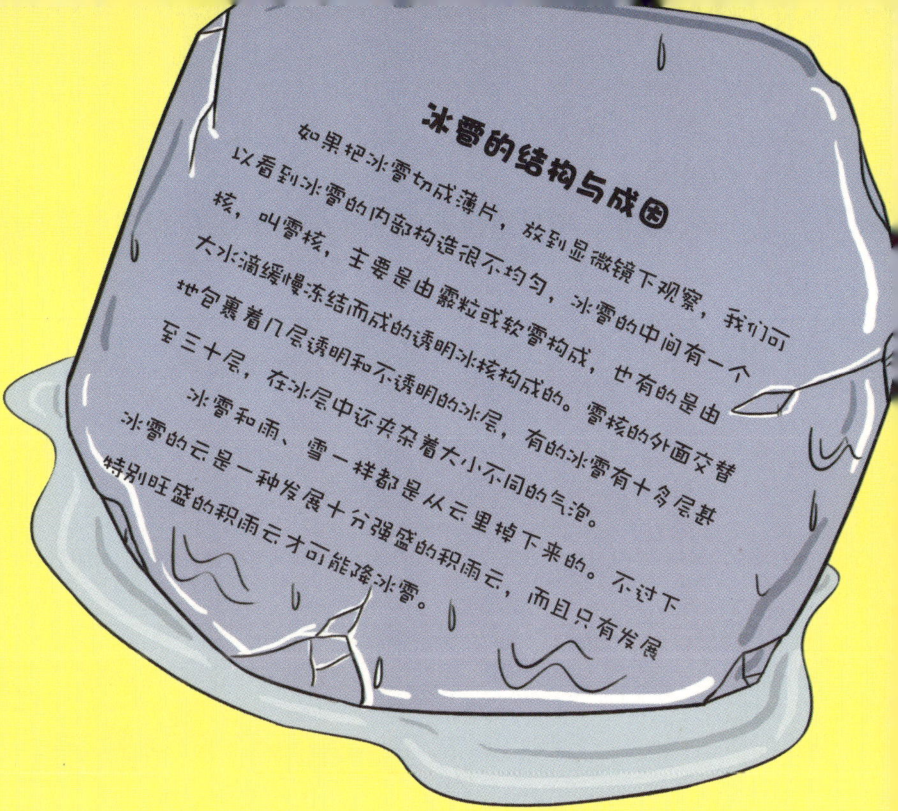

## 冰雹的结构与成因

如果把冰雹切成薄片,放到显微镜下观察,我们可以看到冰雹的内部构造很不均匀,冰雹的中间有一个核,叫雹核,主要是由霰粒或软雹构成,也有的是由大冰滴缓慢冻结而成的透明冰核构成的。雹核的外面交替地包裹着几层透明和不透明的冰层,有的冰雹有十多层甚至三十层,在冰层中还夹杂着大小不同的气泡。

冰雹和雨、雪一样都是从云里掉下来的。不过下冰雹的云是一种发展十分强盛的积雨云,而且只有发展特别旺盛的积雨云才可能降冰雹。

丹丹:"皮皮,如果咱们这里下了冰雹,你第一件事情是做什么呢?"

皮皮:"找一个盆子放在外面。"

丹丹:"你想干什么,冰雹会砸到我们的!"

皮皮:"笨蛋,这样就省得我们再用冰箱冻冰块了啊!"

# 爱"变脸"的"气球娃娃"

**你需要准备的材料：**

☆ 一个250毫升带盖的输液瓶
☆ 一支50毫升的一次性注射器
☆ 一个小号气球
☆ 一根较硬的吸管
☆ 一根10～20厘米长的细线
☆ 一把粗锥针
☆ 一支彩笔

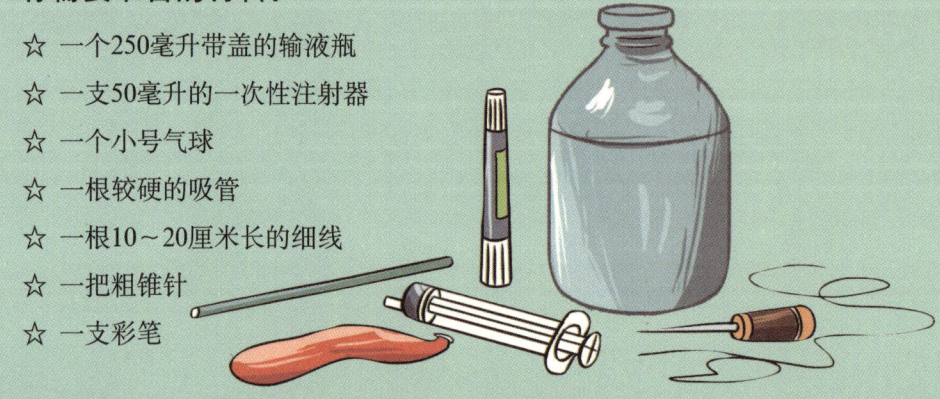

◎ **实验开始：**

1. 将气球先吹大，然后用彩笔在气球上面画上一个笑脸；
2. 用粗锥针在瓶盖上扎两个距离较远的小孔；
3. 在吸管的下端用线将气球系牢；
4. 将吸管上端从瓶盖穿出；
5. 把加工好的瓶盖盖在瓶口上，再把一次性注射器的针头插入瓶盖上的另一小孔；
6. 要保证瓶、塑料管、注射器头与盖之间密不透气；
7. 将活塞从注射器底部向上拉动。

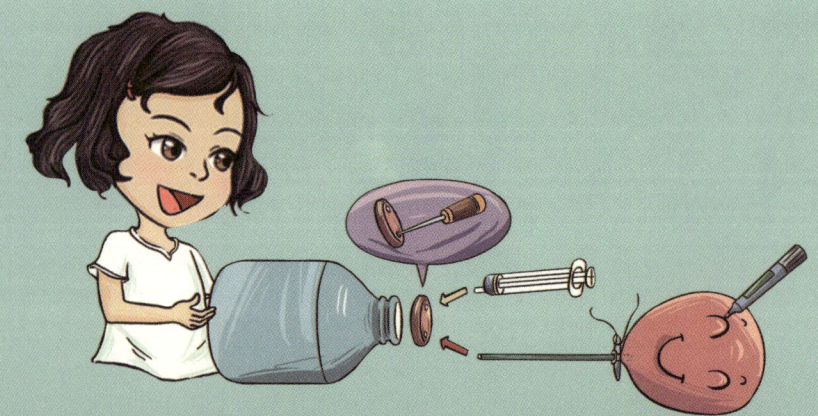

◎ 有趣的发现：

你会发现，当将活塞拉到头，气球体积就会变大；当将活塞推到底部时，气球体积就会变小。

嘉嘉："孔墨庄叔叔，这奥秘是不是在注射器针筒中的空气上面？"

皮皮："嘿嘿，'当气球娃娃'生气的时候，'他'的'脸'就会变大！"

丹丹："是呀，不生气的时候，脸就小了。"

孔墨庄叔叔："是啊，当注射器针筒的活塞拉到头时，就会抽出瓶中的一些气体，这时候，瓶子里面的气压就会变小了，瓶子的里面和外面的气压就会不同，出现了气压差，气球就会变大；当活塞推到底部时，瓶子里面和外面的气压恰好相等，气球就会变小。"

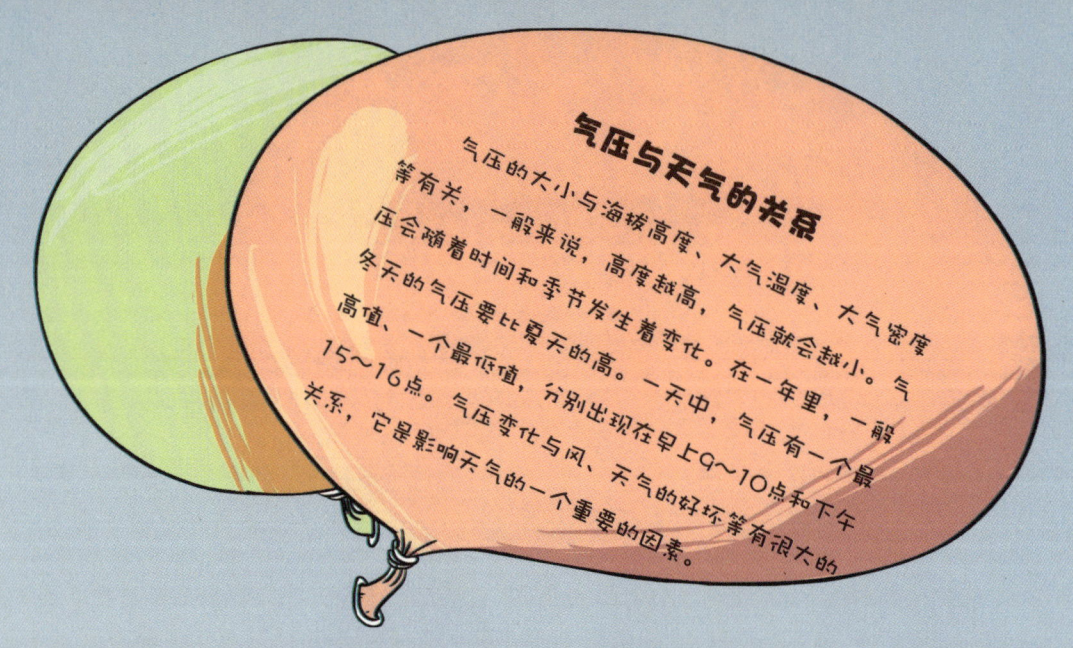

## 气压与天气的关系

气压的大小与海拔高度、大气温度、大气密度等有关。一般来说,高度越高,气压就会越小。气压会随着时间和季节发生着变化。在一年里,一般冬天的气压要比夏天的高。一天中,气压有一个最高值、一个最低值,分别出现在早上9~10点和下午15~16点。气压变化与风、天气的好坏等有很大的关系,它是影响天气的一个重要的因素。

皮皮:"有时候,我爸爸的大肚皮也能够预报天气!"

嘉嘉摸摸皮皮的脑袋,说:"你怎么总是爱胡说八道啊?"

皮皮:"本来就是嘛,如果赶上雨天他不能钓鱼了,他的肚子里面的'气压'就会很高,总是一鼓一鼓的!"

# 看彩虹的绝招

你需要准备的材料:
☆ 一盆清水
☆ 一面平面镜

◎ 实验开始:

1. 把镜子斜插入水盆中;
2. 镜面对着阳光,然后观察在水盆对面的墙上的现象。

## ◎有趣的发现

你会发现,在对面的墙上会出现美丽的彩虹。

皮皮:"我们好像玩过一种有彩虹的游戏!"

嘉嘉:"对呀,我记得有时候在瀑布前能看见彩虹!"

丹丹:"可是大叔,我们站在什么位置才能清楚地看到彩虹呢?"

孔墨庄叔叔说:"一般来说,如果空气足够湿润,当阳光照射到空气中的小水滴时,会经过小水滴的反射而以不同的角度向四面八方传播开来,其中与地面呈40°左右的反射是最明显的,能为人们的肉眼所看见,这些反射所组成的就是我们常见到的彩虹了。"

## 看虹识天气

其实，我们完全能通过彩虹来预测天气。一般来讲，我们可以根据彩虹出现在天空中的位置，推测出该时候是晴天还是雨天。还有一个很奇怪的现象：当东方出现虹时，本地是不大容易下雨的；而西方出现虹时，本地下雨的可能性却很大。

丹丹："嘉嘉，我已经很久没有看到美丽的彩虹了！"

嘉嘉："唉，是啊，皮皮整天拿着个水壶为我们做实验，可是哪一次成功过呢？"

# 会"变魔法"的水分子

你需要准备的材料：
☆ 一个装满热水的大烧杯
☆ 一个装着冰水的圆底烧瓶

◎ 实验开始：

1．转动大烧杯，让大烧杯中所有的表面都沾满水；
2．将烧瓶放在玻璃杯口上，让烧瓶倾斜一个角度，观察水的变化。

◎ **有趣的发现：**

你会发现，从热水中蒸发的水会凝结在烧瓶的冷表面上，而形成的细小的水滴会落回到杯子中。

皮皮："空气遇冷就会变成小水滴，是吗？"

嘉嘉："我一直在仔细地观察，发现水并没有流失。"

丹丹："孔墨庄叔叔，水的蒸发到底会受到什么因素的影响呢？"

孔墨庄叔叔："刚才的实验其实跟水在大自然中的循环过程很像，影响水蒸发快慢的因素一般主要有三个，也就是液体温度的高低、液体与气体间接触的表面积大小以及液面上气体流动的快慢。一般来说，液体的温度越高，水蒸发的速度就越快；表面积越大，空气流通的速度越快，也会让水蒸发得更快。"

## 蒸发和水循环

蒸发是水循环中最重要的环节之一。由蒸发产生的水汽进入到大气中，然后会变成雨或者雪等再次降落到大地上，如此周而复始地反复循环运动。大气中的水汽主要来自海洋，还有一部分来自大陆表面的蒸气。大气层中水汽的循环是蒸发—凝结—降水—蒸发的周而复始的过程。

嘉嘉："皮皮，你知道吗，眼泪的主要成分是盐。"

皮皮："这个我早就知道了，我发现每当丹丹哭时，她的眼泪蒸发后会在脸上留下两道长长的咸盐末！"

# 会冒烟的瓶子

你需要准备的材料：
☆ 一杯冷水
☆ 一把剪刀或锥子
☆ 一盒火柴
☆ 一根吸管
☆ 一块橡皮泥
☆ 一个玻璃瓶（带可旋转盖）

◎ 实验开始：

1. 在瓶子盖上戳个洞，在洞中插入吸管，并用橡皮泥将吸管周围密封；
2. 在瓶子中倒入一些冷水，摇晃均匀，然后把水倒出来；
3. 在靠近瓶口处点燃一根火柴；
4. 吹灭火柴，把冒烟的火柴扔进瓶子中，让烟进入瓶子；
5. 迅速拧紧瓶盖，通过吸管向瓶子中用力吹气；
6. 停止吹气，用手堵住吸管，使空气留在瓶中；
7. 松开吸管，观察此时瓶子中的现象。

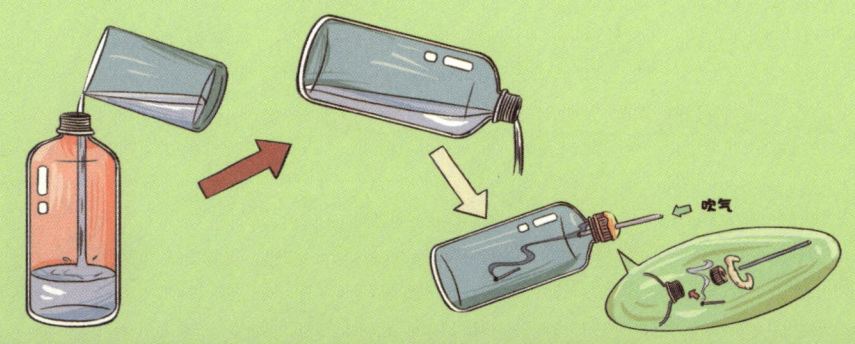

◎ **有趣的发现：**

你会发现，当空气冲出瓶子的时候，瓶子中就产生了"云"。

皮皮："我觉得就像是在变魔术一样！"

嘉嘉："呵呵，在电视里我们也经常会看到舞台上的'云'！"

丹丹："孔墨庄叔叔，天空中的云难道就是这样形成的吗？"

孔墨庄叔叔："是啊，我给你们讲讲这个瓶子中'云'形成的原理你们就明白了。当我们往瓶子中吹气，就增加了瓶子中的压力。当松开吸管后，气压下降，这时候，里面的空气就会变冷。瓶子中的水蒸气附着在烟中的尘粒上，凝结成极小的水滴，许多的小水滴聚集在一起就形成了'云'。"

## 积状云

积状云因对流强弱的不同会形成各种不同的云状,这种云彩大小的差别是很大的。如果云彩里面的对流运动很弱,上升的气流达不到凝结高度,就不会形成云,只有干对流。如果对流运动较强,可以发展形成浓积云,浓积云的顶部就像椰菜一样,由许多轮廓清晰的凸起云泡构成,云厚可以达4~5千米。如果对流运动很猛烈,就可以形成积雨云,云底黑沉沉的,云顶发展会很高,可达10千米左右,云顶边缘变得模糊起来,云顶就会继续扩展,形成砧状。一般的积雨云可能产生雷阵雨,而只有发展特别强盛的积雨云,云中有强烈的上升气体和充足的水分,才会产生冰雹,这种云通常也称为冰雹云。

嘉嘉走进皮皮的房间,发现他正望着天空发呆。

嘉嘉:"喂,你在干吗?"

皮皮:"我在观察积状云啊!"

嘉嘉:"可是,现在是晚上……"

# 冰块融化后会怎样

你需要准备的材料：

☆ 一块冰块
☆ 两个杯子
☆ 适量水
☆ 一个托盘

◎ 实验开始：

1. 在托盘上放置一个空杯子，在空杯子中放入一块冰；
2. 往杯中倒满水，使冰块的一大部分高出水面；
3. 等待冰块融化，观察冰块融化后水会不会溢出杯子。

◎**有趣的发现：**

你会发现，整个冰块都融化了，杯子里面的水虽然是满满的，但不会溢出来。

皮皮："也许是水在冰块融化的时候蒸发了。"

嘉嘉："不对呀，当露出水面的冰融化以后，也会生成很多水啊！"

丹丹："我看没那么简单，孔墨庄叔叔，这是为什么呢？"

孔墨庄叔叔："水面结冰，这是我们经常会看到的现象，但是你们知道吗，水结冰时体积会增大百分之九，它的重量变得比以前轻了，自然会浮在水面上。当冰块融化时，它失去的是增加的那百分之九的体积，因此，水并不会溢出来。"

## 河水是怎样结冰的？

一般来讲，只有温度降到0℃时，才能满足水结成冰的条件，但大多数情况下水都会在0℃以下的时候才结冰。这是因为水在凝结成固体的冰时，需要释放出大量的热量，如果温度刚好是0℃，水中刚刚生成小冰晶，还没来得及继续凝结就会被这些释放出的热量融化，因此是无法成功地转化为冰的。还有一个原因是大自然中的大部分水质并不是完全纯净的，基本都包含很多杂质，这些杂质的凝固点大多比水的凝固点要低，因此这些水就需要在0℃以下才能结冰。所以在冬天，一般只有温度降到0℃以下时，河水才会出现冻结现象。

嘉嘉："我一直以为，只要温度下降到0℃，就一定会结冰！"

皮皮："是呀，如果不确保温度是在0℃以下，冬天不小心将雪糕放在阳台上，雪糕一定会化成烂泥！"

# 探索水流结冰的奥秘

你需要准备的材料：
☆ 一把剪刀
☆ 一块纸板
☆ 一根橡皮筋
☆ 一盆水

◎ 实验开始：

1．剪一个长约12厘米、宽约8厘米的硬纸板；

2．将硬纸板的一端剪成尖形为船头，另一端的中央剪下约5厘米的缺口为船尾；

3．剪一块约3厘米宽、5厘米长的纸板做船桨；

4．用橡皮筋套在船尾处，并将船桨绑好；

5．用船桨"划船"，看看水流的情况和小船行驶的方向。

## ◎有趣的发现：

你会发现，如果将纸板桨逆时针转紧橡皮筋，小船会向前移动；如果把纸板桨顺时针转紧橡皮筋，小船向后移动。

皮皮："水流让我想起了泛滥的河水！"

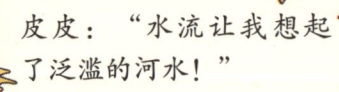

嘉嘉："流淌的水流怎样结冰是我一直关注的问题。"

丹丹："还是让孔墨庄叔叔解释给我们听吧！"

孔墨庄叔叔："在这个实验中，船行驶的方向与橡皮筋扭转的方向正好相反，这就是利用水流的流动来实现的。现在，我给你们简单地说说河流结冰的原理吧！刚刚进入冬季的时候，气温逐渐下降到0℃以下，河流还没有来得及大面积结冰，因此河水还是奔流涌动着的。这种流动着的活水的结冰过程与静水的结冰过程是不同的。处于流动状态的河水，上层与下层的水也是上下翻滚交替的，因此它们温度都是同样低的，如果结冰的话，也是水面和水下同时结冰。并且温度越低，结冰的速度就越快。"

## 潮汐

潮汐现象的产生，主要源于太阳和月球对地球的引力作用。潮汐现象具有一定的周期性，它是沿海地区一种很常见的海水涨落现象，海水基本每天都有一到两次的涨落。人们习惯将发生在白天的海水涨落现象称为"潮"，将发生在晚上的海水涨落现象称为"汐"，因此这种现象就被合称为"潮汐"。

孔墨庄叔叔："皮皮，在想什么呢？"

皮皮："孔墨庄叔叔，我有个问题，河水结冰的话，水里的那些鱼会冻死么？"

孔墨庄叔叔："河面结了冰之后，那层冰相当于给河水盖了层厚厚的被子，使河水里面的温度能维持在0°以上，小鱼不会死的。"

# 致命的二氧化碳

你需要准备的材料:
☆ 一支蜡烛
☆ 若干小苏打
☆ 少许食用醋
☆ 一盒火柴
☆ 一个碗

◎ 实验开始:

1. 用点燃的蜡烛在碗的中央滴上几滴蜡油,将蜡烛固定在碗中;
2. 将苏打粉放在蜡烛的四周,把一些食用醋倒进碗里。

◎有趣的发现：
你会发现，蜡烛熄灭了。

皮皮："没有人吹蜡烛啊！"

嘉嘉："也没有发生空气的对流现象啊！"

丹丹："蜡烛到底是怎么熄灭的呢？"

孔墨庄叔叔："在这个实验中，食用醋和小苏打会发生化学反应，产生了二氧化碳气体，这种气体会让烛火熄灭。这个实验是告诉我们，如果空气中的二氧化碳过多的话，可能会影响一些生命的存在啊！"

## 温室效应

煤炭、木材、石油和天然气等资源燃烧后,都会释放出大量的二氧化碳气体。这些二氧化碳进入到空气中后,不但会吸收大量的热,还会阻挡太阳辐射到地球上的热量向外层的空间扩散,因此地球上的温度就会逐渐升高,却很难再降下去了。温室效应对整个生态环境的平衡非常的不利,其中仅仅是南北两极的冰雪大量融化这一后果,就会导致海平面的持续升高,目前有许多沿海地区面临着被淹没的危险。

皮皮:"'温室效应'这么可怕啊?"

孔墨庄叔叔拍着皮皮的肩膀说:"明白了吧孩子,如果我们不努力保护我们的地球,让'温室效应'愈演愈烈的话,地球变暖就会导致冰川融化,淹没很多城市。"

皮皮:"那我们从现在开始就要好好保护环境呢。"

# 着火的青烟

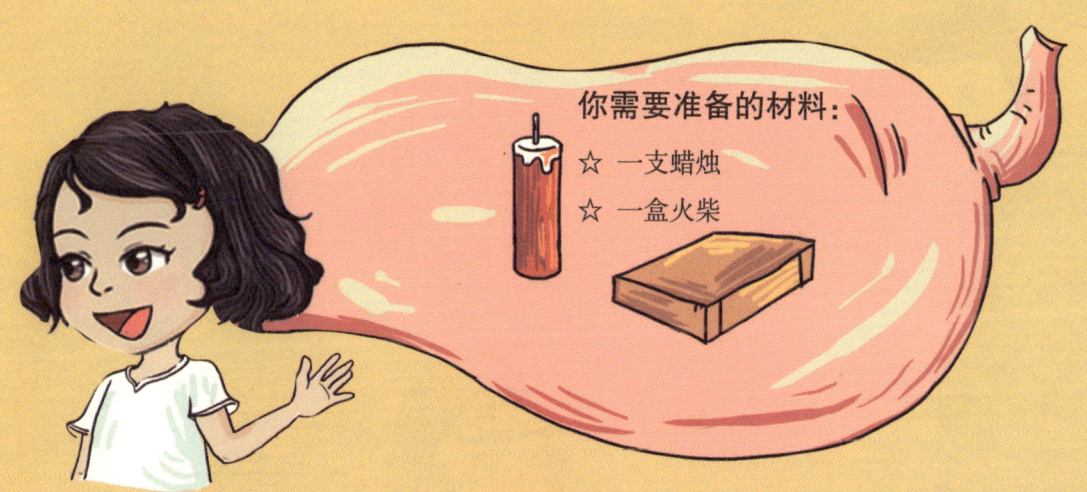

你需要准备的材料:
☆ 一支蜡烛
☆ 一盒火柴

◎ 实验开始:

1. 点燃一支蜡烛;
2. 此时,将点燃的蜡烛吹灭;
3. 吹灭后的蜡烛冒出了青烟;
4. 用点燃的火柴去接触刚刚熄灭的蜡烛冒出的青烟。

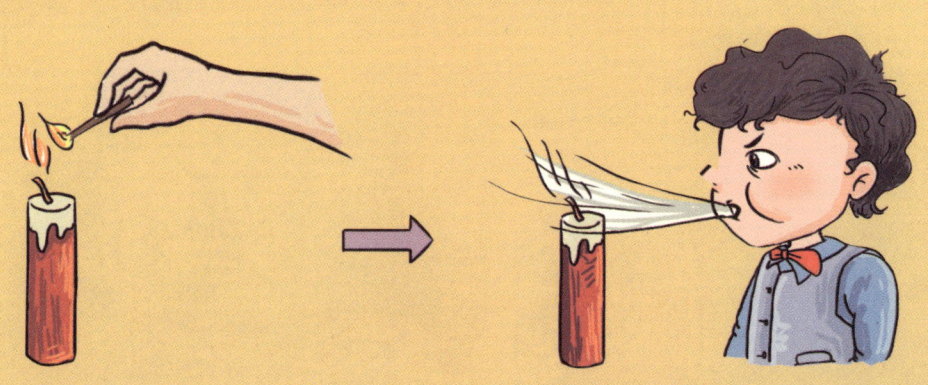

◎ 有趣的发现：

你会发现，蜡烛会立刻复燃。

皮皮："真是很神奇，青烟也能够点着！"

嘉嘉："青烟中的物质是什么呢？"

丹丹："我也有个问题：水蒸气形成的过程也是这样的吗？"

孔墨庄叔叔："是的，这个实验模拟的就是水蒸气的形成过程。当我们点着蜡烛后，可以看到蜡烛顶端的蜡在慢慢地熔化，顶端很明显地烧成了像杯子一样的形状，在这个'杯'中盛着熔成了液体的蜡油。然后，蜡油沿着烛芯慢慢地爬升上去，在烛芯上端达到燃点而烧起来，在燃烧产生的热量的作用下，蜡油会汽化成'青烟'。其实，'青烟'就是蜡的气体状态。

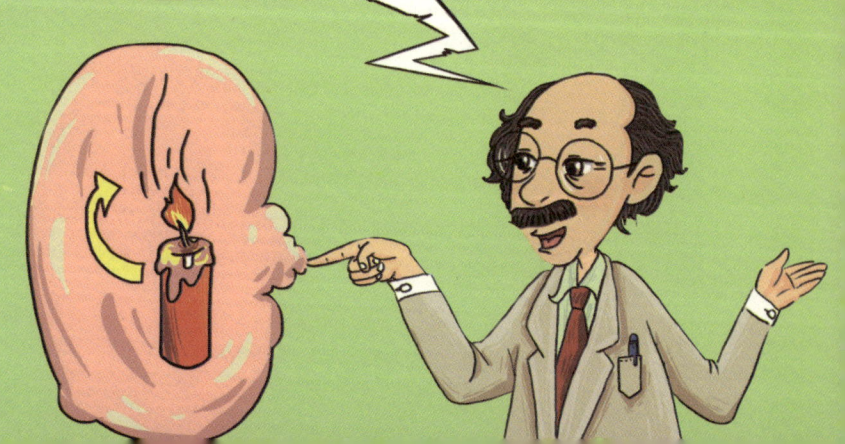

## 生态系统的水循环

地球上的水源有海水、河水、地下水、降水以及冰雪融水等,它们分别以各种不同的形态存在着。在太阳光的照射下,海里和陆地表面的水会因温度升高而蒸发到大气中,在大气中遇冷凝结成小水滴,当这些小水滴聚集在一起并达到最大的承重限度时,就会受到地心引力的作用而重新落回人间,也就形成了降雨或降雪等自然现象。这些降落回地面的水分,有的会流到河水里,有的会被土地吸收而渗入到地下。但无论它们到了哪里,最终都会奔流着汇入海洋里,然后继续着这种循环,维持着地球的生机。

丹丹:"妈妈从小就告诉我,经常洗澡,皮肤好好!"

皮皮:"我还是更喜欢洗澡间里面的蒸汽,让我觉得自己马上就要变成神仙飞起来了!"

# 霜是怎样形成的？

你需要准备的材料：

☆ 电冰箱

◎ 实验开始：

1. 将电冰箱接通电源，转动温控旋钮到适当位置，电冰箱会立即启动；
2. 压缩机运行3~5分钟后，冷凝器发热；
3. 过一段时间以后，蒸发器会出现薄霜，用手摸冷冻室的表面。

## ◎有趣的发现：

你会发现，冷冻室的表面会有粘手的感觉。再过一会儿，冷冻室内的水蒸气就会在冷冻室表面凝华，形成霜。

丹丹："我真的没有想到，霜也是由水汽演变来的！"

皮皮："关于霜和露这两个概念，我已经混淆了。"

嘉嘉："孔墨庄叔叔，冰箱里的霜究竟是怎样形成的呢？"

孔墨庄叔叔："当物体表面的温度低于它周围空气的温度时，它们之间就会形成一个温度差。在这种情况下，温度较高的空气如果与温度较低的物体表面相接触，就会迅速冷却下来，而空气中的水分遇冷就会凝结成小水滴，这些小水滴就会附着在物体的表面上。如果物体表面的温度低于0℃，那么这些附着在物体表面上的小水滴就会凝固成小冰晶，而这层覆盖在物体表面上的冰晶就是我们平时所看到的霜。"

## 大自然中的霜是怎样形成的？

在初冬寒冷的清晨，公园里的植物表面通常都会凝结着一层白色的霜，这些霜是怎么出现的呢？原来，植物在夜间的散热活动很缓慢，这些热量使植物表面的温度高于空气中的温度，于是空气中的水汽便被凝结出来，依附在植物的表面。由于初冬的夜间温度很低，甚至达到了零点以下，因此水汽凝冻成冰晶，便形成了霜。其实，霜和露的形成原理大同小异，都是一种水分从空气中析出的现象，它们唯一的差别就在于所处环境的温度不同。当气温高于0℃时，水汽就会以水滴的方式附于植物表面；当气温低于0℃时，水汽就会冻结为霜。因此，植物周围的气温低于0℃时，它们的表面才会结成霜。

嘉嘉："皮皮，我真想知道，当我变成一个老头子的时候，自己到底是什么模样。"

皮皮："嗨，那还不简单，哪天天气预报说有霜降，你在外面站着就是了！"

# 闪电是怎样形成的

你需要准备的材料：
☆ 两个气球
☆ 一根线绳
☆ 一张硬纸板

◎ 实验开始：

1. 将两个气球分别充气并在口上打结；
2. 用线绳将两个气球连接起来；
3. 将两个气球分别在头发（或者羊毛衫）上摩擦；
4. 注意观察提起线绳后，两个小球会发生怎样的变化，如果将硬纸板放在两个小球中间又会发生什么现象。

◎有趣的发现：

你会发现，提起线绳的中间部位，两个气球立刻分开了；而将硬纸板放在两个气球之间，气球上的电使它们被吸引到硬纸板上。

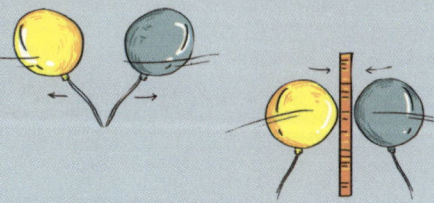

嘉嘉："这个实验不禁让我联想到原始人的钻木取火。"

皮皮："我说怎么每次抱我的小狗哈利时都会被它电到！"

丹丹："为什么摩擦生成的电有的相互吸引，有的却相互排斥？"

孔墨庄叔叔："其实，摩擦产生的电荷会产生正负两种电荷，同种电荷会互相排斥，而产生的异种电荷才会相互吸引。一个气球上的电排斥另一个气球上的电，说明它们带上的是同种的电荷；两个气球上的电使它们被吸引到纸板上，说明气球和纸板带的电荷是异种电荷。

## 闪电形成的原因

在积雨云中包含着大量的水分子,这些水分子在同积雨云运动的时候,彼此之间会产生强烈的摩擦和分解作用。摩擦可以生出电荷,其中一种电荷带有正电,另一种电荷带有负电。与同磁铁的正极与负极相吸引一样,位于云层上方的正电荷和位于云层下端的负电荷也会相互吸引,并相互作用产生电流。随着积雨云体积的不断增大,正负电荷的数量也在不断增多,并且之间的摩擦活动也越强烈,最终会形成强大的电流。而这一股股强大的电流会不时地被释放出来,放出刺眼的光和巨大无比的能量,也就是我们在雷雨天气里看到的闪电。

丹丹:"皮皮真的是一个很讨厌的家伙,每次他看见我家的小猫,都会向它'放电'!"

嘉嘉:"天啊,他是怎么放电的?"

丹丹:"他每次都抱着我家的小猫,用自己的手拼命摩擦它的毛!"

# 自己动手来"下雨"

你需要准备的材料:
- ☆ 一小锅开水
- ☆ 一个小渔网
- ☆ 一个冰淇淋冰格
- ☆ 一些冷水

◎ 实验开始:

1. 将少许冷水倒进冰格中,然后将其放在冰箱里冷冻成冰;
2. 取出冰格里面的冰,将其放进小渔网内;
3. 将装有冰块的小渔网拿到小锅上,观察冰块的变化。

## 闪电形成的原因

在积雨云中包含着大量的水分子,这些水分子在同积雨云运动的时候,彼此之间会产生强烈的摩擦和分解作用。摩擦可以生出电荷,其中一种电荷带有正电,另一种电荷带有负电。与同磁铁的正极与负极相吸引一样,位于云层上方的正电荷和位于云层下端的负电荷也会相互吸引,并相互作用产生电流。随着积雨云体积的不断增大,正负电荷的数量也在不断增多,并且之间的摩擦活动也越强烈,最终会形成强大的电流。而这一股股强大的电流会不时地被释放出来,放出刺眼的光和巨大无比的能量,也就是我们在雷雨天气里看到的闪电。

丹丹:"皮皮真的是一个很讨厌的家伙,每次他看见我家的小猫,都会向它'放电'!"

嘉嘉:"天啊,他是怎么放电的?"

丹丹:"他每次都抱着我家的小猫,用自己的手拼命摩擦它的毛!"

# 自己动手来"下雨"

你需要准备的材料：
☆ 一小锅开水
☆ 一个小渔网
☆ 一个冰淇淋冰格
☆ 一些冷水

◎ **实验开始：**

1. 将少许冷水倒进冰格中，然后将其放在冰箱里冷冻成冰；
2. 取出冰格里面的冰，将其放进小渔网内；
3. 将装有冰块的小渔网拿到小锅上，观察冰块的变化。

◎ **有趣的发现：**
你会发现，在小锅的蒸汽中，冰块融化了，小渔网自己"下起了雨"。

孔墨庄叔叔："这个实验很简单，我想听听你们对这个现象的见解！"

嘉嘉："冰块遇热融化了，变成了液态，于是就形成了我们所见的'降雨'！"

皮皮："如果想要降大雨的话，应该将冰块放在火炉上面。"

丹丹："人工降雨也是运用的这种原理，人们通过向云中撒播降雨剂（盐粉、干冰或碘化银等），使云滴或冰晶增大到一定程度，降落到地面，形成降水，又称人工增加降水。"

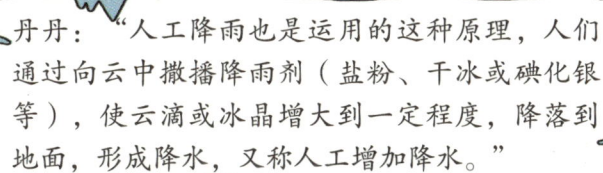

## 人工降雨常用的催化剂——干冰

干冰的主要成分是二氧化碳,它是二氧化碳的凝结固态。干冰能够急速地冷冻物体和降低温度。干冰在增温时是由固态直接升华为气态,在变化的过程中并不会产生液体,因此人们称它为"干冰"。要将二氧化碳变成液态,就必须加大压强至5.1大气压才会出现液态二氧化碳。

嘉嘉:"有了人工降雨,庄稼地再也不会怕干旱的天气了!"

皮皮:"是啊,丹丹每次看完小说也会'人工降雨',我的手纸再也不愁用不完了!"

# 美丽的彩霞

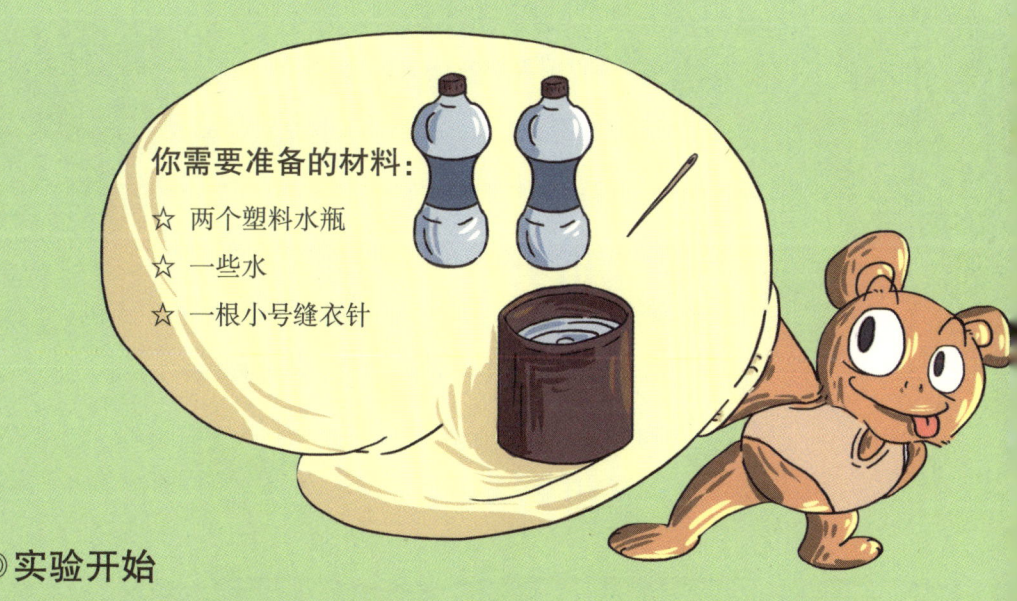

你需要准备的材料：
☆ 两个塑料水瓶
☆ 一些水
☆ 一根小号缝衣针

◎ 实验开始

1. 用缝衣针在塑料瓶盖上扎大概二十几个小孔；
2. 将塑料瓶灌满水，盖紧瓶盖；
3. 背对着太阳，握住瓶子；
4. 轻轻地挤压瓶子使水喷出来。

◎ **有趣的发现：**

你会发现，眼前出现了一道美丽的彩虹。

皮皮："这个实验可以教给我们怎样自己制造彩虹！"

嘉嘉："现在，我好奇的是，难道光的色散实验只能用在彩虹的形成上吗？"

丹丹："孔墨庄叔叔，还有哪些天象的成因与光的作用有关呢？"

孔墨庄叔叔："还有很多呢，比方说我们常见的朝霞和晚霞，只不过它们与彩虹的成因不同，而是由光的散射作用形成的。当太阳光接触到大气层之后，会被大气层中的各种分子以及悬浮的微粒所阻挡，这个时候就会发生散射作用。虽然这些微粒和大气分子本身并不是光源，但是由于借助了太阳光的光源，因此它们也就变成了一个个可以散射出光芒的光源。由于在太阳光谱中，紫色光、蓝色光和青色光等颜色光线的波长较短，因此这些光线是最容易被散射出去的；而红色光、橙色光和黄色光等光线的波长较长，所以它们具备很强的穿透能力，能够很轻易地穿过大气层。因此，我们所看到的天空是蓝色的，因为那是由短波光线散射作用而成的；而我们看到的朝霞和晚霞，就是那些没有发生散射作用的长波光线了。

## 看彩霞识天气

彩色的云霞是类似于彩虹的、在早晚发生的一种光线现象。早晨的彩霞叫"朝霞",此时,云彩的颜色不仅暗淡而且非常巨大,傍晚的彩霞叫"晚霞",又叫"火烧云",这时候的彩霞看起来非常红艳,它的形状有很多,云彩的形状都非常小。

朝霞多是由积云造成的,极容易发展为积雨云;而晚霞多是由淡积云造成的,淡积云不会造成降水,而且一般预示着一定范围内未来几天一直都可能是大晴天。

孔墨庄叔叔:"皮皮,你能用彩霞这个词造一个优美的句子吗?"

皮皮美滋滋地眯起眼睛说:"每当丹丹看到我的时候就非常高兴,她的脸色就像是天空中那美丽的彩霞!"

# 动手来测降雨量

你需要准备的材料：

☆ 一个雨量筒
☆ 一个量杯

◎ 实验开始：

1. 当外面下雨的时候，将雨量筒放在雨水中；
2. 雨停了以后，将雨量筒中的雨水倒进量杯中。

◎ 有趣的发现：

你会发现，杯中水的刻度就是当天的降雨量。

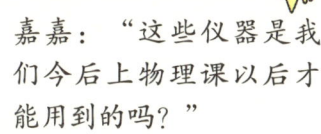

嘉嘉："这些仪器是我们今后上物理课以后才能用到的吗？"

皮皮："这么简单，我用一个杯子也可以测量降雨量吧？"

丹丹："孔墨庄叔叔，您能给我们介绍一下这套装置吗？"

孔墨庄叔叔："我们现在使用的雨量筒的直径一般为20厘米，你们看，这里面装着一个漏斗和一个瓶子。量杯的直径为4厘米，它与雨量筒是配套使用的。"

### 降雨量的等级

降雨量是指降落在地面上的雨水，未经蒸发、渗透和流失而在水平面上积累的水层深度(以毫米为单位)。降雨量的等级根据24小时内降雨量的大小划分为小雨、中雨、大雨、暴雨、大暴雨、特大暴雨几个等级。

一场大雨过后，学校的门前形成了一个小水潭。

丹丹叹了口气说："也不知道昨天的雨到底有多大！"

皮皮说："这需要我们发扬'小马过河'的精神，从小水坑中央趟过去！"

# 自制湿度计

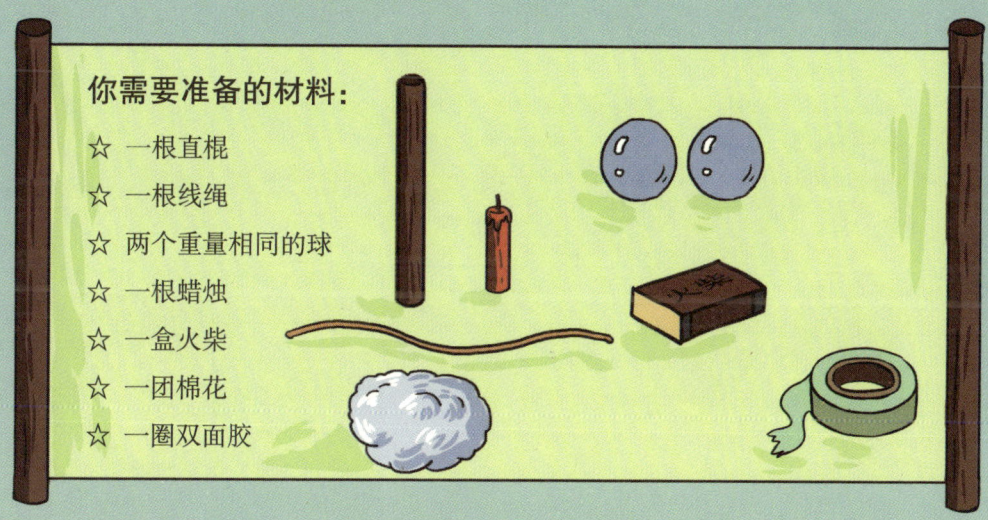

你需要准备的材料：

☆ 一根直棍
☆ 一根线绳
☆ 两个重量相同的球
☆ 一根蜡烛
☆ 一盒火柴
☆ 一团棉花
☆ 一圈双面胶

◎ 实验开始：

1. 在一根直棍正中系上一根线绳；
2. 棍的两端各挂上一个重量相同的球；
3. 用火柴将蜡烛点燃，燃烧到出现一些蜡油；
4. 在这一个小球上涂上蜡油，另一个小球上贴上棉花，要使两侧重量仍相同。

◎**有趣的发现：**

将这个自制的湿度计放在潮湿的空气里，过段时间你会发现，放着棉花的一端往下偏折了。

皮皮摇着头说："湿度计是做什么用的？"

嘉嘉："测定空气湿度啊，笨蛋！"

丹丹："这个小装置我们并没有看到水啊！"

孔墨庄叔叔："哈哈哈！其实，这个小实验的道理非常简单，我们知道，蜡不会吸水，但是棉花却因为吸进水分而变重，放着棉花的一端，因为吸进了水变重了所以渐渐下降了，直棍也因此往下倾斜了。"

## 湿度计的演化

15世纪的大发明家达芬奇是世界上第一个想到要对空气湿度进行测量的人。当时人们已经知道,干燥空气和潮湿空气中所含水分(水汽)的比例是不同的。因此,达芬奇设想用干棉花吸收空气中的水分,然后根据它的重量变化来测量湿度。

后来,瑞士的植物学家兼物理学家索绪尔利用人的头发随着湿度变化而伸缩的现象制造出了湿度计,这种毛发湿度计就是现在人们使用的自记温湿度计和家用温湿度计的雏形。

丹丹:"今天的天气可真干燥,我在屋子里待着,感觉嗓子眼里直冒火。"

皮皮:"以后再遇上这样的天气,你可以在盆子里养一只蚯蚓,找找心理平衡!"

# 百叶箱的小秘密

你需要准备的材料：
- ☆ 适量硫酸铜晶体
- ☆ 一支试管
- ☆ 一个镊子
- ☆ 一个酒精灯
- ☆ 一个天平
- ☆ 一盒火柴

◎ 实验开始：

1. 先用天平称出你所用的硫酸铜晶体的质量；
2. 将酒精灯点燃；
3. 用镊子夹住试管，将其放在酒精灯上加热；
4. 将加热后的硫酸铜晶体再次称重。

◎ 有趣的发现：

你会发现，加热后的硫酸铜晶体的质量和先前的比有所减少。

嘉嘉："我所关心的是，硫酸铜晶体一直都是固态，我也没看到它经过加热以后变成的蒸汽啊！"

皮皮："为什么要做一个这么难的化学实验？"

丹丹："孔墨庄叔叔，您要用这个实验告诉我们哪些与天气有关的知识呢？"

孔墨庄叔叔："硫酸铜晶体经过加热后，会散失大量的水分，因此质量会有所下降。很多物质都会因为热能的辐射或者水分的侵蚀，而导致自身成分发生变化，从而使原本的功能发生了变化。气象站用于测量温度和湿度的仪器需要对温湿度有一个精准的感知，如果经常接受到太阳和地面直接发出的辐射，或是受到了强风、雨、雪等的影响，都会失去其测量的精确性。而百叶箱，就是这些温、湿度仪器的防护罩。"

83

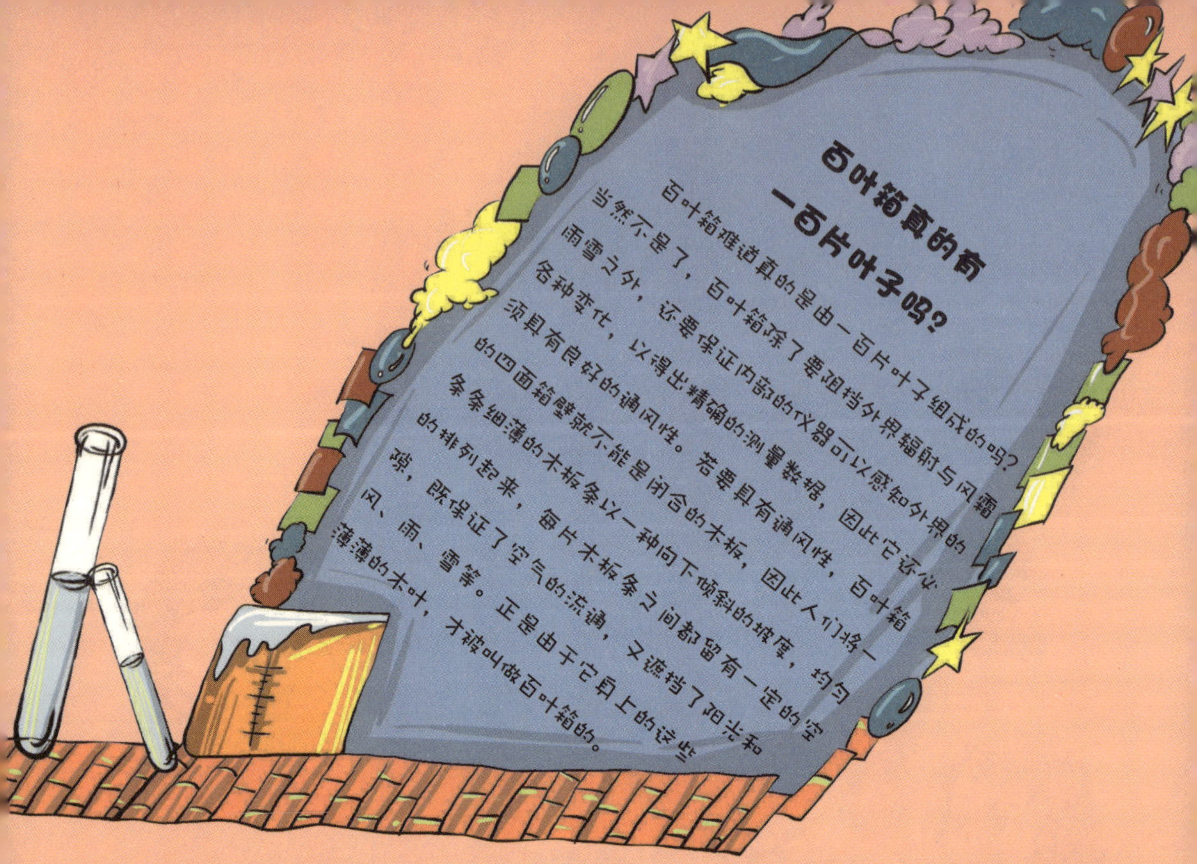

## 百叶箱真的有一百片叶子吗?

百叶箱难道真的是由一百片叶子组成的吗?

当然不是了,百叶箱除了要阻挡外界辐射与风霜雨雪之外,还要保证内部的仪器可以感知外界的各种变化,以得出精确的测量数据,因此它必须具有良好的通风性。若要具有通风性,百叶箱的四面箱壁就不能是闭合的木板,因此人们将一条条细薄的木板条以一种向下倾斜的坡度,均匀的排列起来,每片木板条之间都留有一定的空隙,既保证了空气的流通,又遮挡了阳光和风、雨、雪等。正是由于它身上的这些薄薄的木叶,才被叫做百叶箱的。

嘉嘉:"皮皮,你明白了百叶箱到底是什么了吗?"

皮皮正在着迷地玩俄罗斯方块,他头也不抬地回答:"很简单,用叶子做的箱子!"

嘉嘉:"不对,百叶箱是由薄薄的细木板做成的,不是叶子!你这次可记住了!"

# 巧制气压计

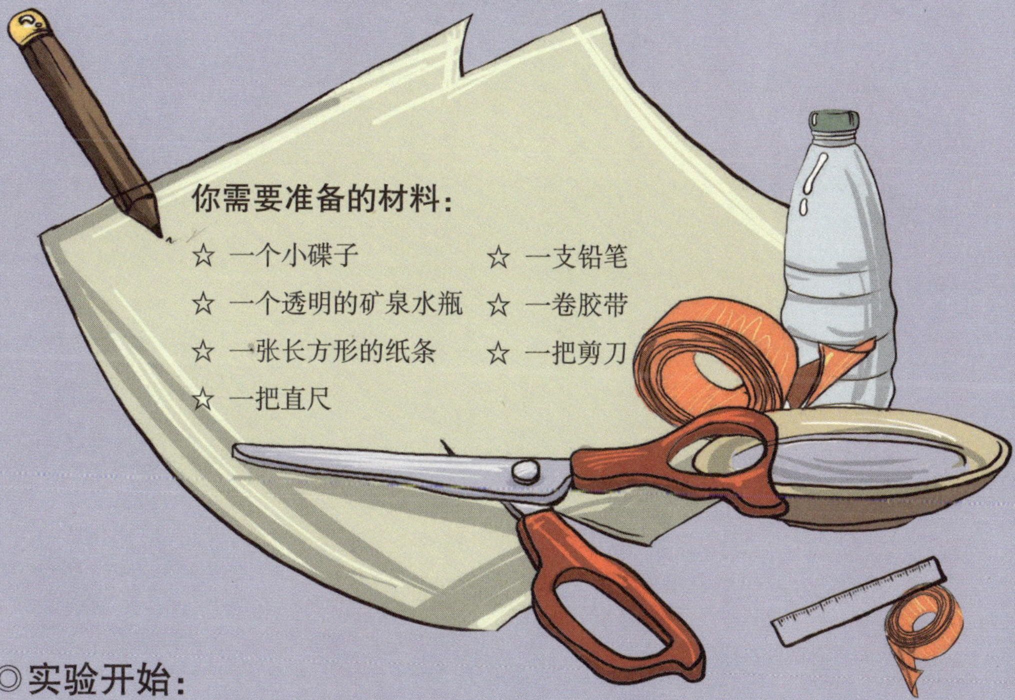

你需要准备的材料：
- ☆ 一个小碟子
- ☆ 一个透明的矿泉水瓶
- ☆ 一张长方形的纸条
- ☆ 一把直尺
- ☆ 一支铅笔
- ☆ 一卷胶带
- ☆ 一把剪刀

◎ 实验开始：

1．用直尺在长方形纸条上画一条直线，每隔一厘米就画一个格；

2．在小碟子中加入适量的水；

3．在瓶中加入一大半的水；

4．用手堵住瓶口，将瓶子迅速倒转过来；

5．然后松开手，把瓶子迅速插入小碟子里的水中；

6．用胶带把纸条粘在矿泉水瓶上。

## ◎有趣的发现：

你会发现，当气压上升的时候，矿泉水瓶中的水位会升高；而当气压下降的时候，矿泉水瓶中的水位就会降低。

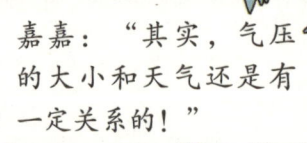

嘉嘉："其实，气压的大小和天气还是有一定关系的！"

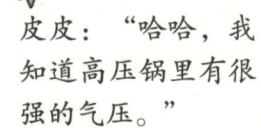

皮皮："哈哈，我知道高压锅里有很强的气压。"

丹丹："孔墨庄叔叔，您给我讲讲这其中的道理好吗？"

孔墨庄叔叔："还是丹丹爱学习。在这个实验中，小碟子里的水受到上方空气压力的作用，会让矿泉水瓶里的水无法从瓶子里流出来。当小碟子上方的气压上升时，就会对矿泉水瓶中的水产生一个力，使矿泉水瓶中的水位升高。如果情况相反的话，矿泉水瓶中的水位就会下降。当瓶子的里面和外面的大气压差不多时，水位就会稳定下来。

## 寒潮天气

寒潮是冬季的一种灾害性天气,又叫寒流。所谓寒潮,就是北方的冷空气大规模地向南侵袭,造成大范围剧烈降温和偏北大风的天气过程。寒潮一般发生在秋末、冬季和初春时节。我国气象部门规定:冷空气侵入造成的降温,一天内达到10℃以上,而且最低气温在5℃以下,则称此冷空气爆发过程为一次寒潮过程。也就是说,并不是每一次冷空气南下都称为寒潮。

嘉嘉:"我很庆幸我们这里不会经常有寒流,我很怕冷的。"

皮皮:"我跟你的观点不同,起码在经常被寒潮侵袭的地方把企鹅当成宠物养就不是个传说了!"

# 不可思议的结冰现象

你需要准备的材料:
☆ 一瓶汽水
☆ 冰箱

◎ 实验开始:

1. 将汽水放在冰箱里冷冻到快要结冰的程度(但尚未结冰);
2. 把汽水拿出冰箱,打开瓶盖,观察汽水的变化。

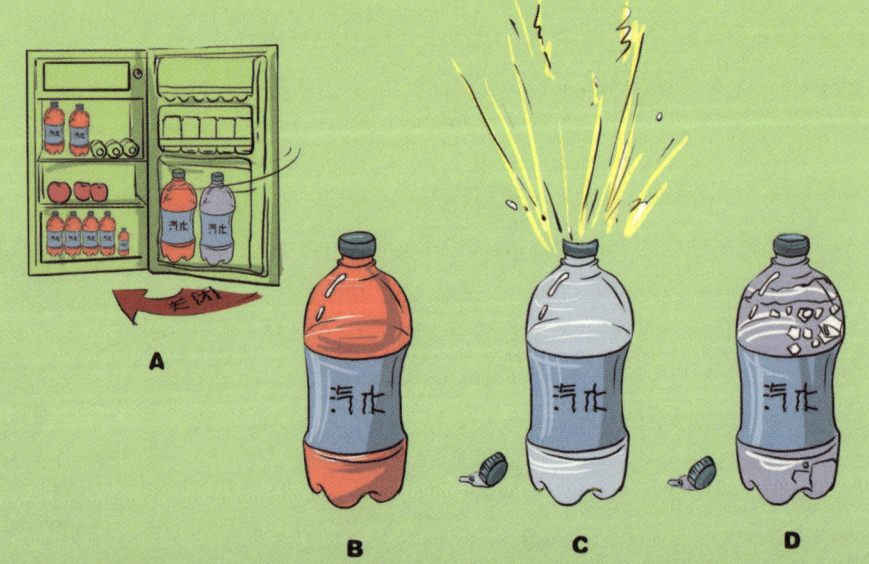

◎ 有趣的发现：

你会发现，汽水虽然处于室温下，但是汽水瓶中却很快结出冰块来。

皮皮："嘿！我还以为拿出来的汽水马上就化了，我就可以品尝了！"

嘉嘉："我现在不得不承认的是，大自然中，就是结冰现象也是多种多样的。"

丹丹："我想，冰冻能制造出很多不同的天气状况吧？"

孔墨庄叔叔："丹丹说得对。其实，在我们的日常生活中，冰冻的确能制造出很多不同的天气状况，比方说霜、冰雹、雪和寒潮等。在这个实验中，由于汽水中含有大量的二氧化碳，因此它的冰点较低，很难结成冰块。但是当我们打开瓶盖的时候，二氧化碳会发生气化现象，而气化了的二氧化碳会带走大量的热量，因此汽水的温度就进一步降低了。于是，瓶里的汽水很快就会达到冰点，进而结出了冰块。

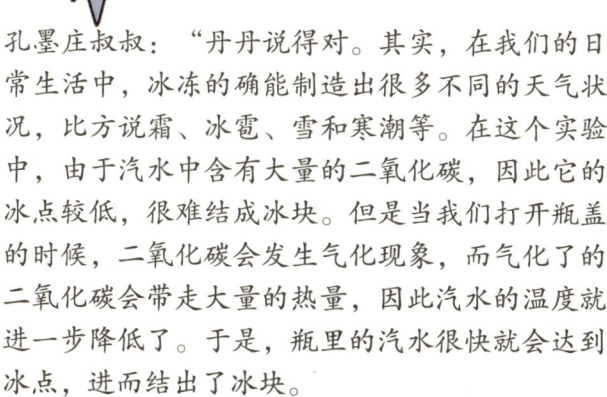

## 冰川

冰川是由降雪经过多年的不断积累和变质形成的一种天然冰体,它们的体积非常庞大,通常存在于地球的寒冷地区。冰川的重量很大,因此在具有倾斜度的地势上,会在慢性和重力的作用下不断地缓慢向坡下移动。再加上它们经常大面积存在,远远看去就像是一条宽广的雪江川,因此又被叫做冰河。

大部分地区的冰川都是发育在高山上的,因此这种冰川被称为山岳冰川。而在面积和北极的一些陆地上,也发育着大面积的冰川,它们通常被称为大陆冰川。

皮皮将一只小蚊子装在制冰淇淋的杯子里,然后把它放到冰箱里。

丹丹惊叫道:"我的上帝,你想干什么?"

皮皮顽皮地笑笑说:"我发明了一种制琥珀的方法,这叫学以致用哦!"

# 瓶子被冰胀裂了

你需要准备的材料：

☆ 一块布
☆ 一个装满水的玻璃瓶

◎实验开始：

1. 将一瓶普通冷水用布包好后放入冰箱中进行冷冻；
2. 经过较长一段时间后，将瓶子拿出来，观察里面发生了怎样的变化。

◎**有趣的发现：**

你会发现，瓶里的水结成了冰，但瓶子却被胀裂了。

皮皮："孔墨庄叔叔，瓶子在温度很低的情况下就自然炸裂了，是吗？"

嘉嘉："你总是看表面现象，我家冰柜里还放着一个空罐头瓶子呢！"

丹丹："到底是什么原因让瓶子炸裂的呢？"

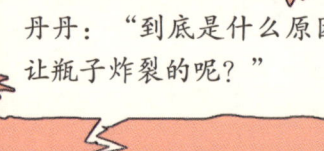

孔墨庄叔叔："这个实验要告诉你们的是冰的性质。你们知道吗，水在结冰时体积要增大，其实这个瓶子是被胀裂的。我们用布包着是为了防止瓶子胀裂时的玻璃碎片散落到冰箱里。"

## 冰锥

在多年的冻土地区，有很多银光闪闪的冰体，这就是冰锥。它的形状、大小变化很大，有的直径2~3米，有的会形成冰坡延伸到几十米乃至数百米以外，有时带有几个溢水口。冰锥在冻土地区分布非常普遍。

那么，这些冰锥究竟是怎样形成的呢？原来，冬季融化层温度降低，地下水的压力就会增大，它们会冲破上层覆盖着的土，从地面冲出来，溢出口冰体逐渐增大并升高，慢慢地就形成了锥形。溢水边流边冻，并沿原地下水流路延伸，这样就形成了冰锥。

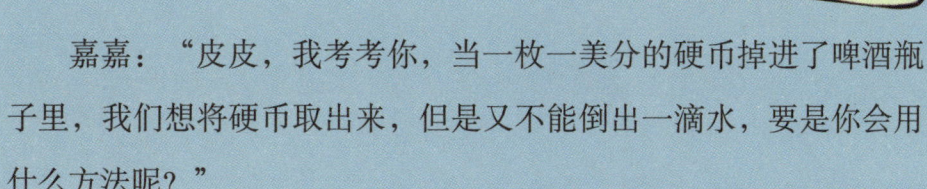

嘉嘉："皮皮，我考考你，当一枚一美分的硬币掉进了啤酒瓶子里，我们想将硬币取出来，但是又不能倒出一滴水，要是你会用什么方法呢？"

皮皮胸有成竹地说："这太简单了，将酒瓶子放进冰柜里，等瓶子里面的水冻成冰以后炸裂即可！"

# 切不开的冰块

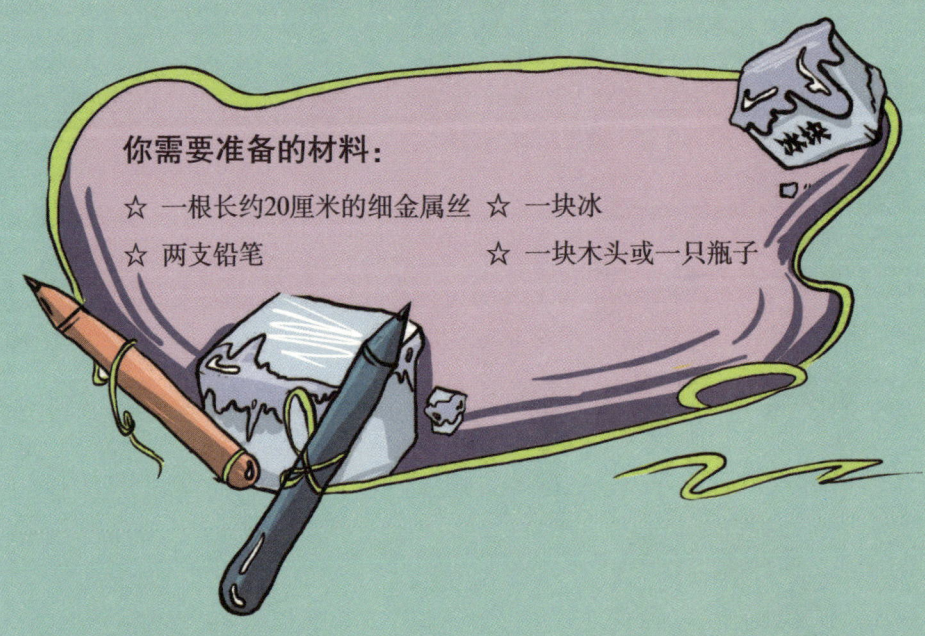

你需要准备的材料：
☆ 一根长约20厘米的细金属丝　☆ 一块冰
☆ 两支铅笔　　　　　　　　　☆ 一块木头或一只瓶子

◎ 实验开始：

1．在一根长约20厘米的细金属丝的两端各缚一支铅笔；
2．拿一块冰，放在一只瓶子或一块木头的顶上；
3．然后用双手拿着铅笔，把金属丝放在冰的中间；
4．再用力向下压，切割冰块。

◎ **有趣的发现：**

你会发现，大约1分钟以后，金属丝会全部通过冰块。但是冰块仍旧是完整的，好像没有被切割过一样。

皮皮揉揉眼睛："等等，请问这是一种新的魔术吗？"

嘉嘉："是呀，应该是金属丝将冰块切成两半才对呀！"

丹丹："看来，冰的奥秘的确是很多！"

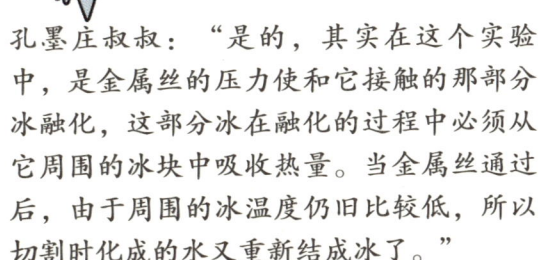

孔墨庄叔叔："是的，其实在这个实验中，是金属丝的压力使和它接触的那部分冰融化，这部分冰在融化的过程中必须从它周围的冰块中吸收热量。当金属丝通过后，由于周围的冰温度仍旧比较低，所以切割时化成的水又重新结成冰了。"

**什么是冻土？**

土壤里面或多或少的都含有水分，但是当温度降到0℃或0℃以下的时候，土壤里的水分就会凝结成冰将土壤冻结，这样就产生了冻土。

嘉嘉："原来到了冬天的时候，很多地方形成了冻土，难怪人们根本挖不动土地！"

皮皮："他们可真笨啊，既然土里面结冰了，在冻土上面浇一些开水接着挖不就可以了嘛！"

孔墨庄叔叔："孩子们，这当然不行了，那些土层可是很深的，而且，还有的冻土层常年不化呢！"

# 烟雾的行踪

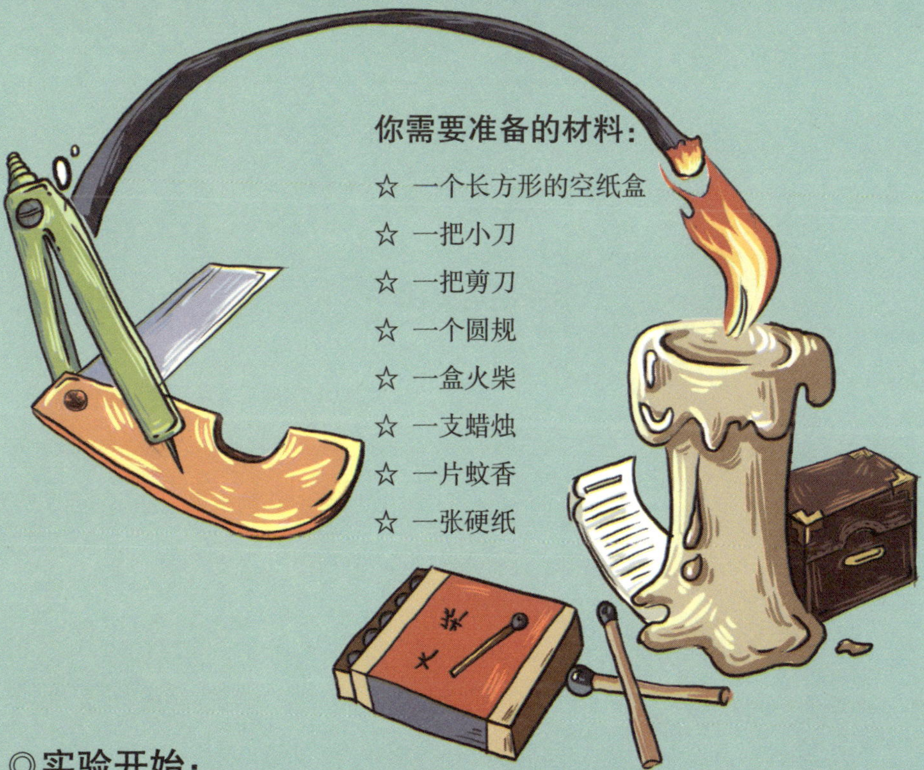

你需要准备的材料：

☆ 一个长方形的空纸盒
☆ 一把小刀
☆ 一把剪刀
☆ 一个圆规
☆ 一盒火柴
☆ 一支蜡烛
☆ 一片蚊香
☆ 一张硬纸

◎ 实验开始：

1．找一个长方形的空纸盒，用圆规在纸盒的两个侧面相同的位置分别画两个等大的圆，并用小刀将圆镂空；

2．用硬纸做两个纸筒，把它们插在两个圆孔中；

3．然后把盒子侧放，纸筒向上，把一小段点燃的蜡烛放置在盒内任一纸筒下面，把盒子盖好；

4．点燃一段蚊香，放在下面有蜡烛的纸筒顶端，观察里面的现象。

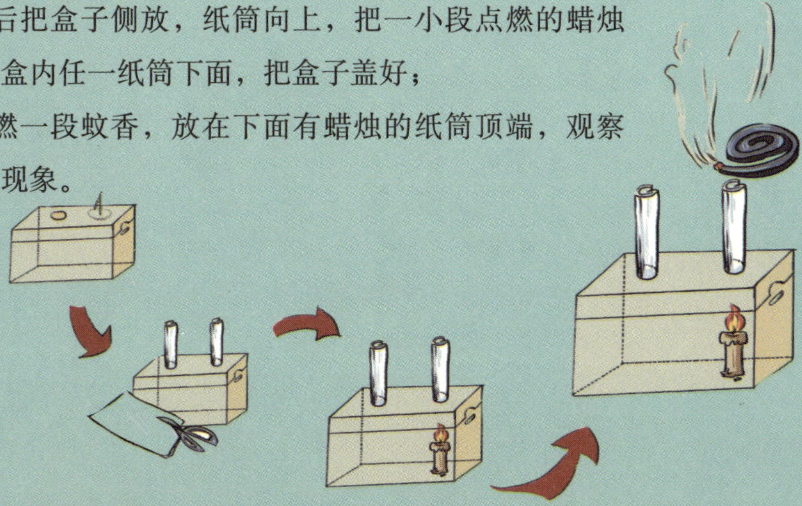

◎ **有趣的发现：**

你会发现，此时蚊香产生的烟雾向上冒得会更快；把蚊香放在下面没有蜡烛的纸筒上，烟会从另一个纸筒冒出来。

皮皮："一直以来，我发现一个秘密：外祖母家的烟囱里的烟也一直是朝上冒的。"

嘉嘉："这个实验涉及的是热空气和冷空气吗？"

丹丹："孔墨庄叔叔，我想起来了，我们经常在蓝蓝的天空中看见一团团的烟雾！"

孔墨庄叔叔："是啊，工业排放的废气和废烟都是这样散发到空气中的。在这个实验里，蜡烛点燃时产生的热烟气通过上面的纸筒冒出来，冷空气从另一个纸筒流进盒里面维持着燃烧，所以蚊香的烟也随着空气的气流进入到纸盒里面。这时，蜡烛产生的热烟气从纸筒向上升，蚊香的烟也就随着这些热烟气从蜡烛上面的纸筒又冒了出去。"

## 可怕的大气污染

大气污染主要是由工业生产和交通运输所造成的。凡是能使空气质量变差的物质都是大气污染物。大气污染物已知的有100多种。

大气污染物按其存在状态可分为两大类：一种是气溶胶态污染物；另一种是气态污染物。气溶胶状态污染物主要有粉尘、烟液滴、雾、降尘、飘尘、悬浮物等。气态污染物主要是以二氧化硫为主的硫氧化合物，以二氧化氮为主的氮氧化合物，以二氧化碳为主的碳氧化合物以及碳、氢结合的碳氢化合物。大气中不仅含无机污染物，而且还含有机污染物。

皮皮正和丹丹聊天，忽然，他不小心放了一个屁。

皮皮："不好意思，我昨天晚上有点着凉了！"

丹丹："没关系，你又让我知道了另一种污染大气的破坏性气体！"

# 见鬼的风车

你需要准备的材料：

☆ 一张白纸
☆ 一根细木棍
☆ 一些大头针
☆ 一支蜡烛
☆ 一把剪刀

◎实验开始：

1．用白纸做一个纸风车；

2．把蜡烛点燃，手持纸风车，放到蜡烛的上方，注意观察纸风车会发生什么变化。

注意：在使用蜡烛时要注意安全，可以请你的父母或家人来当你的助手。

◎ **有趣的发现：**

你会看到小小的纸风车开始慢慢旋转起来了。

皮皮吃惊地说："咦，真是见鬼了，风车怎么会自己转起来呢？"

嘉嘉："是啊，我只见过有风的时候风车才会动！"

丹丹："这里的奥妙在哪里呢？"

孔墨庄叔叔说："其实，世界上根本就没有鬼。这个实验其实是向上的热空气流动形成的风在吹动风车转动。因为空气受热后会膨胀而变稀薄，这时热空气就轻了，变轻的热空气会上升，而旁边的冷空气就会流动过来进行补充，这些冷空气流动到蜡烛附近又会被火焰烤热，它们又会上升，这样附近的空气往复循环，就形成了风。"

## 风是怎样来的

在地面上,太阳光照射的地方温度会慢慢上升,就会把贴近地面的空气烘热了。靠近地面的空气有些地方比较冷,有些地方比较热。热空气膨胀起来会变得比较轻,就会往上升,这时附近冷空气便填补进来,冷空气填进来遇热又上升,这样冷热空气就自动流动起来,这个过程就渐渐地形成了风。

孔墨庄叔叔身材微胖,皮皮身材中等偏下。一日刮大风,皮皮跟孔墨庄叔叔吃力地走在街上,一只狗却在街上很惬意地散步。

皮皮已被吹得东倒西歪,重心不稳,便向孔墨庄叔叔感慨:"你看它那么轻,这么大的风都没事儿。"

孔墨庄叔叔说:"你趴地上试试。"

# 杯子中的"龙卷风"

你需要准备的材料：

☆ 一个玻璃杯
☆ 一瓶碳酸饮料
☆ 一袋食盐
☆ 一个小勺

◎ 实验开始：

1. 往玻璃杯里倒大半杯碳酸饮料；
2. 在盛碳酸饮料的杯子里加一匙食盐，这时注意观察杯中的变化。

◎ 有趣的发现：

你会看到从杯底垂直地升起一根长鼻状的带子，像天空中出现的龙卷风。

嘉嘉："真的很像电视中的龙卷风！"

丹丹："幸好我们没遇见过龙卷风，否则就遭殃了！"

皮皮吃惊地说："咦，这是怎么回事呢？"

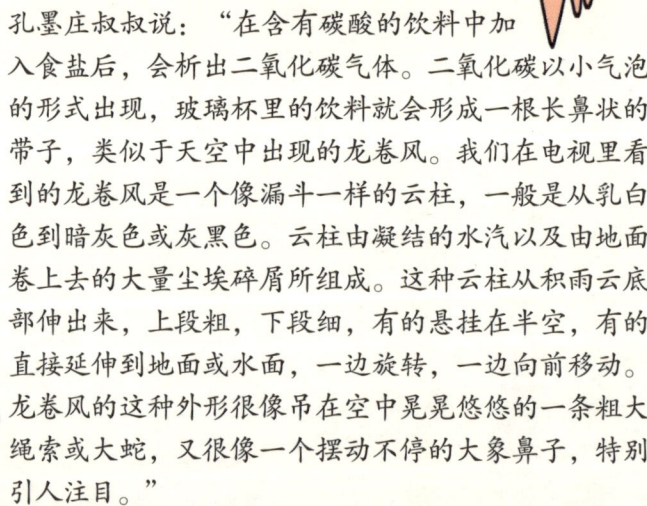

孔墨庄叔叔说："在含有碳酸的饮料中加入食盐后，会析出二氧化碳气体。二氧化碳以小气泡的形式出现，玻璃杯里的饮料就会形成一根长鼻状的带子，类似于天空中出现的龙卷风。我们在电视里看到的龙卷风是一个像漏斗一样的云柱，一般是从乳白色到暗灰色或灰黑色。云柱由凝结的水汽以及由地面卷上去的大量尘埃碎屑所组成。这种云柱从积雨云底部伸出来，上段粗，下段细，有的悬挂在半空，有的直接延伸到地面或水面，一边旋转，一边向前移动。龙卷风的这种外形很像吊在空中晃晃悠悠的一条粗大绳索或大蛇，又很像一个摆动不停的大象鼻子，特别引人注目。"

## 龙卷风发生的特点

龙卷风常常发生得非常迅速和突然,有时毫无征兆。例如,在龙卷风出现前不久,往往还是一派春光明媚的景象,而突然天空就被乌云和雷雨云所遮蔽了。随着天空黑暗下来,电闪、雷鸣和冰雹猛然大作。在龙卷风附近还可以听到种种响声:有时像"野兽咆哮",有时又像"万炮齐鸣",还有时像"千百辆火车在行驶"、"成千上万的蜜蜂在嗡嗡飞鸣",甚至像"几千架喷气式飞机或坦克刺耳地吼叫"。同时,在空气中有时还充满着一种特殊的有点像硫磺燃烧或像臭鸡蛋发出的气味,这种气味可能与当时强烈的放电过程有关。

皮皮跟同学一起去夏令营了,孔墨庄叔叔有点想念他,就打电话说:"皮皮,你是被龙卷风卷走了吗?这么长时间了,都不给我打个电话。"

皮皮有些不好意思,说:"您老放心好了,就凭咱这身板儿,龙卷风想卷走我也不是那么容易的!"

# 吹不灭的蜡烛

你需要准备的材料：
☆ 一根蜡烛
☆ 一个葡萄酒瓶
☆ 一张小纸板
☆ 一盒火柴

◎ 实验开始：

1. 点燃蜡烛，在它前面竖放一张纸板，对着纸板使劲吹气，观察蜡烛会怎么样；

2. 拿掉纸板，在蜡烛前面放一个葡萄酒瓶，对着瓶子使劲吹一口气，再观察蜡烛会怎么样。

◎ **有趣的发现：**

第一次的时候蜡烛的火焰纹丝不动，而第二次的时候蜡烛的火焰立即就熄灭了。

嘉嘉："没想到，皮皮长这么胖，居然吹不灭这个蜡烛！"

皮皮好奇地问："咦，这是怎么回事？是不是我第一次吹气用的力气小呢？"

丹丹："是因为有纸板挡着的原因吗？"

孔墨庄叔叔说："根本原因不在于你吹气时所用力气的大小。当气流到达酒瓶时，会分流并贴着圆柱形瓶体流过，接着在瓶后以丝毫不减弱的力量重新汇聚在一起，然后再流向火焰的方向。也就是说，纸板将我们用嘴吹出的气流挡住了，所以蜡烛根本就吹不灭。"

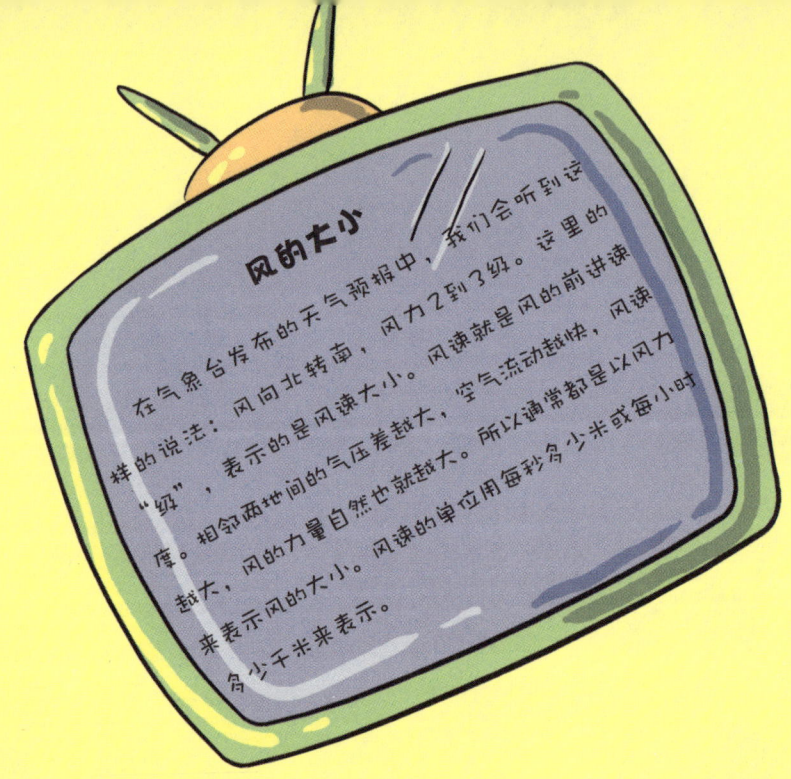

### 风的大小

在气象台发布的天气预报中,我们会听到这样的说法:风向北转南,风力2到3级。这里的"级",表示的是风的大小。风速就是风的前进速度。相邻两地间的气压差越大,空气流动越快,风速越大,风的力量自然也就越大。所以通常都是以风力来表示风的大小。风速的单位用每秒多少米或每小时多少千米来表示。

孔墨庄叔叔对皮皮说:"昨天的风真大,电线杆都被刮倒了!"

皮皮说:"那风不算大,前天那边街上把一位老太太从屋里刮出来了。"

孔墨庄叔叔说:"你净瞎说,哪有那么大的风!"

皮皮说:"那是她儿子吹牛刮出来的风!"

# 喜欢风的箭头

你需要准备的材料：
☆ 一张厚纸板
☆ 一把剪刀
☆ 一个木制棉线轴
☆ 一根木筷
☆ 一个玻璃汽水瓶
☆ 一圈胶带
☆ 一支彩笔
☆ 适量沙土

◎ 实验开始：

1. 将硬纸板裁成一个箭头和一块方板，方板的四边分别写上东、南、西、北；
2. 用胶带把裁好的箭头固定在木线轴上，线轴一端的轴孔也要用胶带封好；
3. 把带有箭头的线轴套在筷子的圆头上，注意一定要让筷子在轴眼中转动自如；
4. 汽水瓶中装多半瓶沙土，把筷子的另一头插在汽水瓶中，固定牢；
5. 把写好东、南、西、北的纸板放在要测风向的地方，纸板上的文字方向要与自然的方向一致；
6. 把做好的汽水瓶放在纸板的中间，观察箭头的变化。

◎**有趣的发现：**

你会发现，箭头会随风转动。

皮皮好奇地问："箭头的转动代表什么意思呢？"

嘉嘉："我看出来了，这个实验可以测出风向！"

丹丹："这会风刮得不是很大呦！"

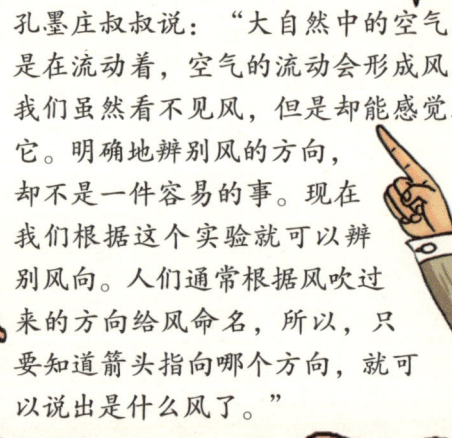

孔墨庄叔叔说："大自然中的空气总是在流动着，空气的流动会形成风。我们虽然看不见风，但是却能感觉到它。明确地辨别风的方向，却不是一件容易的事。现在我们根据这个实验就可以辨别风向。人们通常根据风吹过来的方向给风命名，所以，只要知道箭头指向哪个方向，就可以说出是什么风了。"

## 判定风向的简单方法

有时候我们在野外郊游不知道方向,这时我们可以带便携式的风向计,也可以携带风筒,这样也可以观察判定风向。

我们还可以通过观察附近树木上的树枝末梢或野草迎风摆动的方向来判定风向,也可以用手指沾一点水,举过头顶,凭风吹手指头的感觉来判定风向。

如果我们想要在看不到树木花草的冬季辨别方向的话,可以举起随身携带的手帕、纸条、丝巾等,来判定风向,或用手抓起一把雪、沙土等通过扬撒它们来判定风向。

秋季的一天,外面狂风大作,孔墨庄叔叔理理凌乱的头发,对皮皮说:"嚄,今天的风刮得可真大呀!看来要降温了!"

皮皮懒洋洋地看了一眼外边说:"所有不以下雪为目的的刮风和降温都是'耍流氓'!"

# 水与土的比赛

你需要准备的材料：
☆ 适量水
☆ 适量土或沙子
☆ 两个塑料杯
☆ 两支温度计

◎ 实验开始：

1. 准备两个一样大小的塑料杯子，在两个杯子中各装入半杯水和半杯土（或沙子），然后，把两个杯子都放进冰箱中进行冷却；

2. 10分钟后，在它们变成同样较低的温度时，取出两个杯子，放到户外或有阳光的窗台上；

3. 把两个杯子放在太阳光底下照射15分钟，用两支温度计分别测量土和水的温度。

◎ 有趣的发现：

你会发现，土竟然热得比水还快，因为现在水的温度低一些。

嘉嘉："我一直以为水热得会更快！"

皮皮："不要以为你是最聪明的哦！"

丹丹好奇地问："为什么会这样呢？"

孔墨庄叔叔说："土比水热得更快的原因，并不是土的颜色比水深一些造成的，而是因为水传热比土快，传热慢得多的土把热量保留在表面的缘故。如果你往下挖沙滩，会发现底下的沙是非常凉的。阳光是无法穿透土的，所以地面上的温度会很热，这也是陆地在晴天时总是比水中热一些的原因。"

## 海陆轻风

每到夏季,人们都愿意到海滨去避暑,夏季的海滨吸引人的原因,不仅是它的景色秀丽,更主要的是那里气候宜人。在沿海地带的白天,陆地增热很强,升温很快,气压低;此时的海上气压相对较高,风从高压区吹向低压区,也就是风从海上吹向陆地,刮起海风。等到了夜晚,陆地表面降温很快,成为高压区,而海面相对成为低压区,所以风又从陆地吹向海上,形成陆风。这种以一天为周期的,风向随着昼夜交替而发生显著变化的风,叫作海陆风。一般海风比陆风强。因为白天海陆温差大,加之陆地上气层较不稳定,所以有利于海风的发展。而夜间,海陆温差较小,所波及的气层较薄,陆风也就比较弱些。

皮皮问孔墨庄叔叔:"我总是记不住海陆风白天和夜间向哪吹,怎么办?"

孔墨庄叔叔想了一下,说:"想象一下,你站在悬崖上面对大海,思考这个问题。如果这时是白天,那么你是安全的;如果是晚上,吹起一阵风,你就会感觉到有一双罪恶的手在把你往悬崖下推。"

# 一起动手来造雾

◎ 实验开始：

1. 把饮料瓶装进大玻璃瓶中；
2. 把食盐和碎冰块按一份食盐加四份碎冰块的比例混合均匀，然后填入到饮料瓶和玻璃瓶中间的空隙处；
3. 把玻璃瓶固定在桌面上；
4. 向饮料瓶口吹气，看看瓶子里有什么变化。

◎ 有趣的发现：

你会发现，往瓶子里吹的气变成了乳白色，像云雾一样在瓶里飘动。

皮皮好奇地问："我吹出的气怎么变色了？"

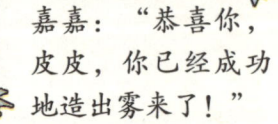

嘉嘉："恭喜你，皮皮，你已经成功地造出雾来了！"

丹丹："这个实验的原理是什么呢？"

孔墨庄叔叔说："这个实验装置就像一个小冰箱，饮料瓶里的空气温度是很低的。当你向瓶口吹气时，从嘴里吹出的是带有温度的气体，这些气体进入瓶中后遇冷，气体中的水就会凝结成小水滴，并悬浮在瓶中，我们就会看到有气体悬浮在瓶中并慢慢飘动，就像漂浮的云雾一样。你可能还注意到，在寒冷的冬天，常有这样的事：从嘴里出来的气变成淡淡的云雾。这是因为呼出的空气里含有水蒸气，这些水蒸气凝结成了微小的小水滴。"

## 大雾也会害人

雾是空气中的小水珠附在空气中的灰尘上形成的,所以出现大雾就表示空气中灰尘增多,这样的天气对人的健康以及交通有很大的影响。在大雾的天气里,人们很难看见远处的景物,此时的机场、码头都会进行管制,高速公路也会封闭,汽车、飞机、轮船等交通工具也无法使用。

雾天,空气的污染比平时要严重的多。原来,组成雾核的颗粒很容易被人吸入,并容易在人体内滞留,而锻炼身体时吸入空气的量比平时多很多,因此,雾天锻炼身体吸入的颗粒会很多,这就会危害人的健康。

皮皮高兴地说:"孔墨庄叔叔,我要变成神仙了!"

孔墨庄叔叔不解地问他:"你?神仙?说胡话了吧?"

皮皮一本正经地说:"你看电视里的神仙都会喷云吐雾,刚才我不也'吐雾'了嘛!"

# 卡片上的七彩虹

你需要准备的材料：
☆ 一张黑色卡片
☆ 一把剪刀
☆ 一面镜子
☆ 一块橡皮泥
☆ 一张白色卡片
☆ 一支手电筒
☆ 一个碗

◎ **实验开始：**

1. 在黑色卡片上方剪一条水平的细缝，折起卡片的底部，使卡片能立起来；

2. 在碗里倒入半碗水。将镜子正面倾斜45度放在碗里，使之一半在水下，一半在水上，用橡皮泥固定住；

3. 把黑色卡片立起来，细缝正对着镜子，并将白色卡片放在它前面；

4. 让手电筒的光透过细缝照在镜子上，调整光柱、碗和白色卡片的相对位置，你会看到什么？

## ◎有趣的发现：

你会发现，只要调整到合适的位置，就能在白色卡片上看到彩虹。

皮皮："上面居然出现了彩虹！"

丹丹："看来，以后我们不一定非要等到雨天才能看见彩虹啊！"

嘉嘉："这到底是什么原因呢？"

孔墨庄叔叔说："镜子与水、空气构成的三角形形成了一个棱镜。当光线通过棱镜时，每种颜色的光会以不同的速度传播，也会弯曲成不同的角度。白光被切分为一个光谱，所以就能够看到反射在白色卡片上的彩虹了。除了上面这种方法以外，我再给你推荐一种方法。在晴朗的天气里，用喷雾器迎着太阳的方向喷出水雾，你将会看见美丽的彩虹。这是因为白色的太阳光是由上面说过的七种色光组成的，雨后的空气中有许多小水珠，用喷雾器也喷出了许多小水珠，阳光经过这些小水珠后会分为七种色光，于是就成为美丽的彩虹。"

## 霓和虹的不同

人们将商店夜间装饰的彩色灯叫霓虹灯,我们经常会看见虹,那么什么叫霓呢?霓与虹有什么不同呢?

有时,人们在虹的外边,还可以看见一个颜色比较淡,不如虹那么鲜艳的另一条"彩带"。人们将虹外层的这条"彩带"叫霓,也有时管它叫副虹。霓的形成是阳光在水滴内发生两次反射形成的。

一天,孔墨庄叔叔问皮皮:"皮皮,你们科学老师讲课讲得好吗?"

皮皮叹了口气说:"我们的科学老师讲课时口水乱飞,一天讲课讲到激昂的时候,前排同学竟然说看到了彩虹!"

# 会"搬家"的水

你需要准备的材料:
- ☆ 一个大塑料碗
- ☆ 一个小容器
- ☆ 适量水
- ☆ 一些塑料包装纸
- ☆ 若干线或一个大的橡胶带
- ☆ 两个黏土球

◎ 实验开始:

1. 把小容器放到大碗的中心,用一块黏土将小容器固定,这样当加水时它就不会动;

2. 沿小容器四周向大碗里注入水,但不要把水倒入小容器里;

3. 用塑料包装纸把大碗罩住,然后用线或橡胶带固定,确保线或橡胶带不会滑落;

4. 把一个黏土球放在塑料包装纸的中心处,以使塑料包装纸向小容器凹陷;

5. 把做好的实验装置放到阳光下,并观察水发生了什么变化;

◎有趣的发现：

过一段时间，你会发现塑料包装纸上会形成一些水滴，最后这些水滴会滴入小容器中。

嘉嘉："水看来也不会总待在一个地方！"

丹丹："是啊，最有趣的是，它还变换了状态！"

皮皮好奇地问："这是怎么回事呢？"

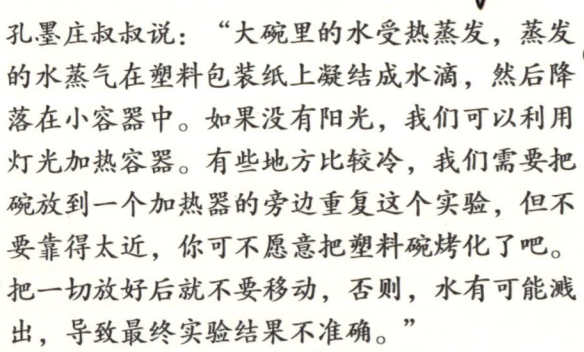

孔墨庄叔叔说："大碗里的水受热蒸发，蒸发的水蒸气在塑料包装纸上凝结成水滴，然后降落在小容器中。如果没有阳光，我们可以利用灯光加热容器。有些地方比较冷，我们需要把碗放到一个加热器的旁边重复这个实验，但不要靠得太近，你可不愿意把塑料碗烤化了吧。把一切放好后就不要移动，否则，水有可能溅出，导致最终实验结果不准确。"

## 水分的循环

从海面蒸发出来的水汽,在海洋上空成云致雨,又降回海面,这种循环称为海洋小循环;同样地,从陆地表面蒸发出来的水汽,在陆地上空成云致雨,再降落回到陆面,称为陆地小循环。

盛夏天气,骄阳似火,孔墨庄叔叔大汗淋漓,他对皮皮说:"天太热了,我们去游泳吧,既凉快又减肥。"

皮皮不以为然地说:"游泳可以减肥?你见过海里的鲸鱼没有?它瘦吗?"

# 杯子也会"流汗"

你需要准备的材料:
- ☆ 一个玻璃杯
- ☆ 一些冰块
- ☆ 一瓶彩色墨水
- ☆ 一块抹布
- ☆ 一些水

◎ 实验开始:

1. 把冰块放入玻璃杯中,加入适量水和几滴彩色墨水;
2. 5分钟后,注意观察杯子外壁的变化。

◎ 有趣的发现：

你会发现，杯子外壁上出现了一滴滴的水，即使用布抹过，它们还会继续出现。

皮皮："杯子难道能渗出水来？"

丹丹："咦，奇怪了！杯子外壁上的水是从哪里来的呢？"

嘉嘉："别瞎说，你没看见杯子里面的水是有颜色的吗？"

孔墨庄叔叔说："杯子外壁上的这些水滴并没有颜色，可见它们并不是杯子里的冰水渗出来的，只能是从空气中来。而空气中有水分，它们以水蒸气的形态存在着。当空气遇冷时，水蒸气就会变成液态的小水滴，这就是'凝结'。冰块将玻璃杯周围的空气变冷，于是一颗颗的小水珠就附在杯壁上了。冬天当你们向窗子玻璃上呵口气时，就会发现玻璃上有一层小水珠，这也是因为水汽遇冷而产生凝结的结果。同样的道理，在白天，大地吸收了阳光中的热，当太阳下山以后，这些热量就会重新散发到大气中去。特别是在晴朗无云的夜里，热量散失得更快，田野里的温度会急剧下降。温度一降低，空气蕴含水分的能力就减小了，大气低层的水汽就纷纷附在草上、树叶上并凝成细小的水珠，露就这样形成了。"

## 露水起晴天

人们经常用露水预报天气,这是什么原因呢?原来露水的形成需要一定的天气条件,那就是大气比较稳定,风小,天空晴朗少云。如果夜间满天是云,云层就会起到保温的作用,靠近地面的气温很不容易下降,露水就很难形成。但是在夜里如果有了风的吹动,能使上下空气交流,增加靠近地面空气的温度,又能使水汽扩散,露水也难以形成。

孔墨庄叔叔:"皮皮,你知道露水是怎样形成的吗?"

皮皮:"地球不停地旋转,热得出汗,这就是'露水'。"

孔墨庄叔叔:"啊,你怎么知道的?"

皮皮:"人们出汗后不是常说的'浑身湿漉漉(露露)的'嘛!"

# "胖瘦不一"的雨滴

你需要准备的材料：

☆ 一张纸

☆ 一把尺子

◎ 实验开始：

1. 刚开始下雨时，把纸放在窗外，然后用尺子测量纸上雨滴的大小；
2. 按照上面的方法，分别测量几次不同时期的雨滴的大小；
3. 比较一下几次测量的结果，你会有什么发现？

◎ 有趣的发现：

几次测量的结果不一样，有大有小。

皮皮吃惊地说："雨滴的大小为什么会不一样呢？"

嘉嘉："你没发现外面的雨滴也会大小不一吗？"

丹丹："不过要我们解释原因，我们还真的说不明白哦！"

孔墨庄叔叔说："雨是由无数颗小水滴形成的，它们聚集在高空中时，每滴的直径都不超过0.002毫米，但是等它们到达地面之后，体积就会增大上百万倍呢。雨滴落下的速度不同，雨滴的大小也就不同。通常雨滴落下的速度越快，它的直径就越大。雨分很多种，毛毛细雨一般是从低空的云层中落下来的，它们的雨滴降落速度很慢，因此雨滴的直径就小。而雷阵雨、暴雨或冰雹，则是从高空中的积雨云中落下来的，这些雨滴大多是从距地面15千米以上的云层中落下的，降落速度非常快，因此雨滴的直径也较大。"

## 分辨雨的大小

要分辨雨的大小，我们可以用眼睛和耳朵去判断。如果那雨点清楚并且一滴一滴地落下，落到地面不回溅，雨声是缓和的，那就是小雨；如果是雨落如线，落到地面四处外溅，雨声是淅淅沥沥的，雨点不易分辨，就是中雨；而雨如倾盆，模糊一片，落到地面溅起几十厘米高，雨声是哗哗作响的，则是大雨；比大雨下降更猛烈的是暴雨。

大雨已经接连下了两天，皮皮望着外边地上越来越深的积水说："这场大雨，使我们这的房价又上涨了30%！"

孔墨庄叔叔不解地问："下雨与房价有什么关系呀？"

皮皮看了孔墨庄叔叔一眼说："因为很多房子变成了海景房……"

# 盘子也会滴水

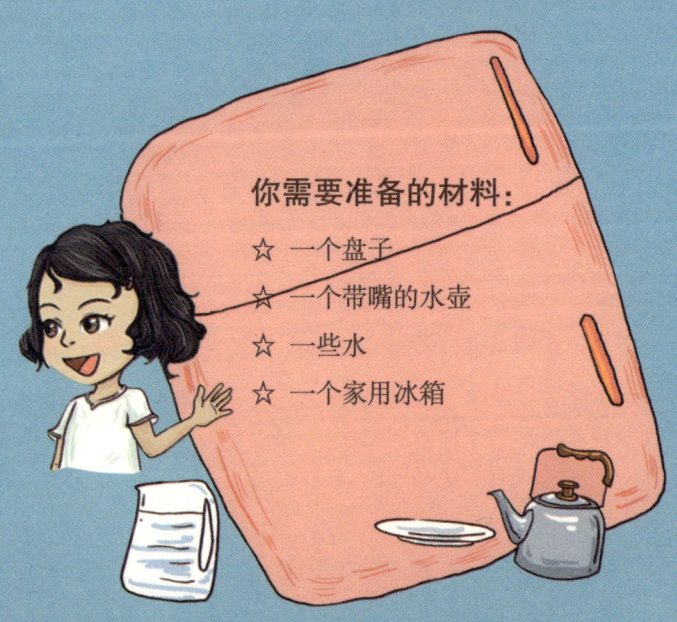

你需要准备的材料：
☆ 一个盘子
☆ 一个带嘴的水壶
☆ 一些水
☆ 一个家用冰箱

◎ **实验开始：**

1. 将一个没有水的盘子放入冰箱中冷却，然后烧开一壶水，待开水沸腾的时候，就可以取出盘子了；

2. 开水沸腾的时候，暂时不要熄火，将盘子放在水蒸气不断上升的壶嘴上方10～15厘米处。

◎ **有趣的发现：**

过一会儿，你会发现盘子底部凝结了很多小水滴，而且水滴越来越多，很有可能淌落下来变成"雨"。

皮皮好奇地问："盘子里怎么会下起'雨'来呢？"

嘉嘉："盘子中的水其实是水蒸气！"

丹丹眨眨眼睛说："大叔，这个过程是不是可以解释降雨的过程呀？"

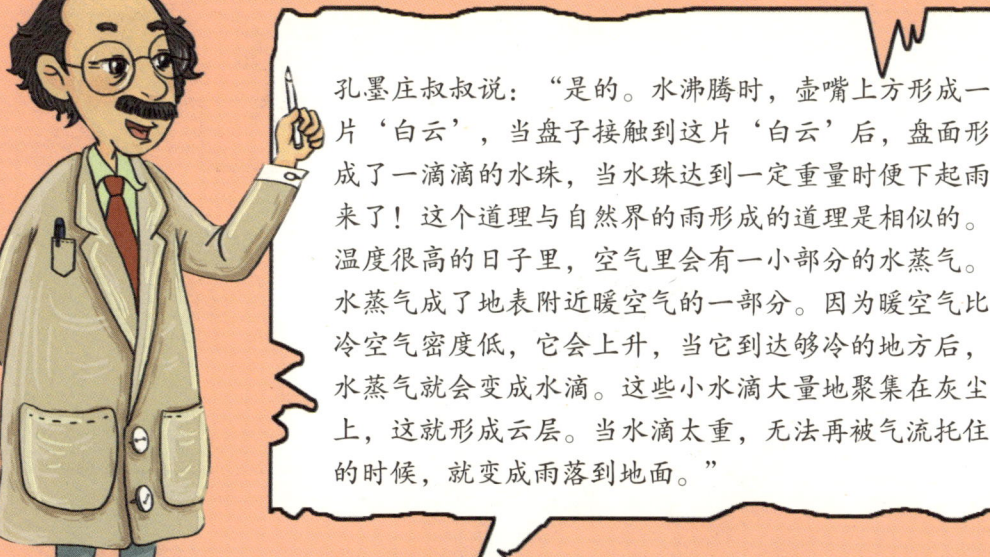

孔墨庄叔叔说："是的。水沸腾时，壶嘴上方形成一片'白云'，当盘子接触到这片'白云'后，盘面形成了一滴滴的水珠，当水珠达到一定重量时便下起雨来了！这个道理与自然界的雨形成的道理是相似的。温度很高的日子里，空气里会有一小部分的水蒸气。水蒸气成了地表附近暖空气的一部分。因为暖空气比冷空气密度低，它会上升，当它到达够冷的地方后，水蒸气就会变成水滴。这些小水滴大量地聚集在灰尘上，这就形成云层。当水滴太重，无法再被气流托住的时候，就变成雨落到地面。"

## 奇怪的"血雨"

1608年，在法国南部的一个小城里下了一场"血雨"：从天上掉下来的雨滴，竟然像鲜血一般的殷红！当时，那里的牧师在雨后到处向人们宣传这场"血雨"是上帝的惩罚，是死亡的预兆。然而，过了几天，红色的雨水蒸发了，城镇里又恢复了往常的状态，也没有一个人因这次"血雨"而死去。1813年在意大利的曾费城，也曾下过一阵"血雨"。另外，这种"血雨"还曾在西班牙和土耳其出现过。

听完天气预报，皮皮对孔墨庄叔叔说："'局部'这个地方可倒霉了！"

孔墨庄叔叔问皮皮："局部？倒霉？你说的什么意思？"

皮皮说："天气预报总是说局部地区有雨，但是地图上找不到'局部'这个地区，请问'局部'在哪里？为什么总是有雨呢？"

孔墨庄叔叔："傻孩子，'局部'并不是一个固定的地域，它专门找有积雨云的地方凑热闹！"

# 好大的洪水

你需要准备的材料：

☆ 一个大碗
☆ 一个大托盘
☆ 一些干海绵
☆ 一个量杯
☆ 水（大量）
☆ 一把喷壶
☆ 冰箱
☆ 一些石头

◎ 实验开始：

1．把碗放在大托盘中间；

2．在碗沿周围放几块干海绵；

3．用量杯向碗里倒水；

4．向喷壶里灌水并记录下水量，然后用喷壶向碗和海绵中喷水，这就是雨；

5．不断地向喷壶中灌水并将水喷洒到模型上，直到水从碗中溢出并能看到海绵上面有水，记录下这次"泛洪"的用水量；

6．将仍是湿的海绵放在托盘里放进冰箱，然后用冷冻的海绵重复这个实验，记录下这种冷冻的"地面"需要多大水量能引发"洪水"；

7．用石头代替海绵重复这个实验，记录下岩石"地面"需要多大水量引发"洪水"。

◎ 有趣的发现：

经过比较，你会发现使用干海绵时需要的水量最大。

皮皮："哈哈哈，自制洪水已经不是传说了！"

嘉嘉："我们可以了解洪水的形成了吧？"

丹丹："这个实验与洪水的形成有什么关系呢？"

孔墨庄叔叔说："实验活动中的大碗就相当于水库，水从碗中溢出就相当于水库的泛洪现象。吸饱水的干海绵代表降雨时水分过度饱和的地面，多余的水无法被吸收就会流向别处，引起洪水。冷冻海绵代表吸水性不强的冷冻地面，冷冻地面上有降雨或融雪时，水无法渗透进去。石头代表经历了长期无雨的干旱地面，当最终雨季到来时，由于地面坚硬，雨水无法渗透而导致大面积洪水和更大的破坏。"

## 洪涝灾害

洪涝有洪水和涝害之分，洪水是指过量的降水造成河水冲垮堤坝、淹没耕地、冲毁房屋的现象，或突发的山洪冲毁房屋耕地、冲走人畜等；涝害是指江河泛滥或大量降水造成大片土地积水的现象。涝害常由洪水引起，因此人们常把两者合在一起统称为洪涝灾害。

孔墨庄叔叔给皮皮讲圣经的故事，讲到大洪水把地球上生物全淹死时，皮皮问孔墨庄叔叔："你确定？"

孔墨庄叔叔说："确定。"

皮皮问："那鱼呢？"

孔墨庄叔叔："……"。

# 粉笔上的"S"哪去了

你需要准备的材料：
☆ 一个玻璃杯
☆ 一匙柠檬汁
☆ 两支长度相同的粉笔
☆ 一根大头针
☆ 一根玻璃棒

◎ 实验开始：

1. 在一个玻璃杯中放入2/3的水和一匙柠檬汁，然后用玻璃棒搅拌均匀，另一个玻璃杯中只放水；

2. 先用大头针在粉笔上分别作上"S"和"Z"的标记，再将做好标记的粉笔分别放入两个玻璃杯中（对应放置）；

3. 放置24小时后，倒出溶液，对比两支粉笔。

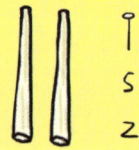

24小时

◎**有趣的发现：**

放入掺有柠檬汁的水中的粉笔上的"S"字迹已经看不清，而放入清水中的刻有"Z"字的粉笔字迹还很清晰。

嘉嘉："我想，这个现象与杯子中的溶液有关系吧？"

皮皮："没想到，酸酸的柠檬汁还有这种奇效！"

丹丹："这是为什么呢？"

孔墨庄叔叔说："放在掺有柠檬汁的水中的粉笔上产生了泡沫，这是因为含柠檬汁的水是酸性溶液，含有酸性成分。泡沫是水中的酸性成分与粉笔中的石灰石（碳酸钙）起反应的结果。这个实验演示的是酸雨的形成过程。从工厂烟囱里和汽车尾气中排放的废气中含有亚硫酸气体或氮氧化合物等污染物质。这些污染物质在大气中扩散，溶解在雨中就会生成硫酸或硝酸等强酸性溶液，就形成了酸雨。"

## "蜇"人的雨水

几十年前的日本东京曾经忽然下过一场能"蜇人"的雨水，人们觉得这些雨水落在手臂上像被小虫子"蜇"了似的，飘进眼里刺痛得非常难受。后来，这种会"蜇"人的雨在日本其他地方也频频降落。有关专家对此进行了一系列研究，发现雨水"蜇"人是因为雨水中含有一些醛类化合物的原因。因为它们对人的皮肤、眼睛有强烈的刺激性，所以有被蜇到一样的疼痛感觉。这种"蜇"人雨水除了有刺激性以外，还有明显的酸性。因此，这种雨叫做酸雨。

皮皮："这么说来，酸雨要是下得及时，还是有一定好处的！"

嘉嘉："你在胡说些什么呢？"

皮皮："你想啊，杀死了植物，害虫就没得吃了啊！"

# 光与声谁"跑"得快

你需要准备的材料:
☆ 一个篮球或排球、足球

◎ 实验开始:

1. 请一位小朋友站在和你相距50～100米处,用力地向地面拍球,让球和地面相撞击时发出较大的响声;
2. 这时,你自己要认真去看和听,注意是在什么时候听到球和地面的撞击声的? 听到撞击声时球又在什么位置;
3. 然后你们换过来试一试,让你的朋友看你在远处拍球并听声音。

50～100米

◎ 有趣的发现：

你会发现，并不是球和地面相撞的一瞬间就能听到撞击声，而是球已跳到空中才听到声音。

皮皮："我还以为听到声音的时候，球也恰好落在地上！"

丹丹好奇地问："声音是球撞击地面发出的，为什么听到声音与球撞击地面的时间不一样？"

孔墨庄叔叔说："我们之所以先看到球和地面的撞击而隔些时间后才听到声音，是因为光线跑得快，每秒可跑30万千米，相当于围绕地球的赤道跑7圈半。声音在空气中每秒钟约走340米，差不多只有光速的九十万分之一。光从球撞击地面处传到你眼里的时间，一般不过几十万分之一秒；可是声音跑同样的距离就需要较长的时间。同样，我们之所以先看到闪电然后才能听到雷声，也是由于声音的传播速度远远小于光速。雷声和闪电的速度比赛就像是缓慢的乌龟和敏捷的兔子赛跑比赛，兔子早已跑到终点许久了，乌龟才蹒跚爬到。所以，在雷声与闪电的赛跑中，雷声总是要'输'给闪电。"

## "高空雷"与"落地雷"

积雨云中含有大量的水分子,这些水分子相互摩擦作用,会产生大量电荷。这些电荷在放电时会生出很高的热量,导致云中的雨滴气化膨胀,发出巨大的雷鸣声,这就是"高空雷"。而这些带电的积雨云有的时候会下降到距离地面很近的高度,云体中的电荷就会与地面发生感应,生出大量的异性电荷。这时,在云和地面的凸出物之间就会产生激烈的雷电现象,通常叫做"落地雷"。

有一天,天空突然乌云密布,接着是雷声闪电,孔墨庄叔叔见皮皮呆呆地望着天空,于是就问:"皮皮,你说说为什么我们总是先看见闪电,然后再听见雷声呢?"

皮皮说:"那还不简单,因为眼睛长在耳朵的前面呗!"

# 雷电离你有多远

你需要准备的材料：
☆ 一支有秒针的手表
（当然，最好是用运动会上测跑步速度的"跑表"）

◎ 实验开始：

1．在雷雨到来的时候，拿表站在窗前；

2．如果是使用跑表，你可以在看到闪电的瞬间按下跑表的按钮，到听到雷声时再按一下，这时，你就记录下了从看到闪电到听到雷声时的时间。如果你只有普通手表，那就在看到闪电时记住当时秒针的读数，到听到雷声时再看看秒针的读数。这样你会大致知道声音由闪电处传到你耳中用了多少时间；

3．用读到的秒数除以3，就能大致估计出你与雷电相距的千米数了。

## ◎有趣的发现：

一个闪电可能离我们很远很远，当它距离我们有20~25千米远时，我们就听不到雷声了。但如果闪电就发生在你身边的话，你可能会在耀眼的闪电使你目眩神迷的瞬间就听到震耳欲聋的霹雳声。

皮皮："这种计算方法让我很迷糊！"

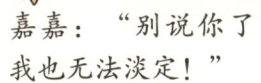

嘉嘉："别说你了，我也无法淡定！"

丹丹好奇地问："为什么用读到的秒数除以3，就能大致估计出你与雷电的距离？"

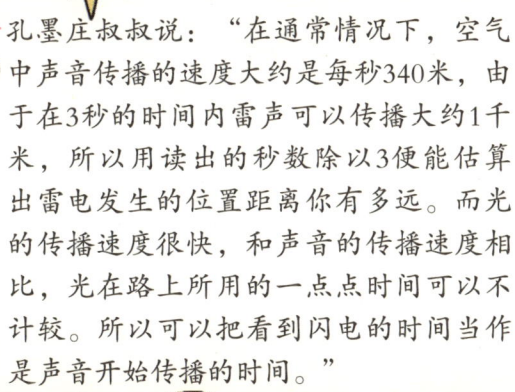

孔墨庄叔叔说："在通常情况下，空气中声音传播的速度大约是每秒340米，由于在3秒的时间内雷声可以传播大约1千米，所以用读出的秒数除以3便能估算出雷电发生的位置距离你有多远。而光的传播速度很快，和声音的传播速度相比，光在路上所用的一点点时间可以不计较。所以可以把看到闪电的时间当作是声音开始传播的时间。"

## 雷电是怎样形成的？

古时候人们还以为这是"雷公"、"电母"在作怪呢。其实雷电纯属自然界中的一种静电现象。那么，打雷和放电究竟是怎样形成的呢？

在雷电期间，"积雨云"中含有大量的水滴、冰晶和雪珠，随着积雨云的上下翻滚，它们相互摩擦，造成了电荷的分离，一般上部的云带有正电，而下部的云却带负电，当两者大到一定程度时，通过空气就会产生强烈的放电现象，形成了雷鸣和闪电。

孔墨庄叔叔问皮皮："电与闪电有什么区别？"

皮皮说："一个收电费，一个不收电费。"

# 爆炸的纸袋

你需要准备的材料：
☆ 一个纸袋子
☆ 一根橡皮筋

◎ 实验开始：

1. 先将纸袋吹得像气球一样鼓起来，然后用橡皮筋将纸袋口扎紧；
2. 用双手从两边同时用力拍打纸袋，看看会发生什么情况。

◎ 有趣的发现：

你会听到纸袋发出"嘭"的一声爆炸声。

皮皮好奇地问："小小的纸袋为什么能发出那么响的爆炸声呢？"

嘉嘉："是啊，我们平时吹破气球发出的爆炸声也是这个原因吧？"

丹丹："其实，这个现象我们常见，但是什么原因却不清楚！"

孔墨庄叔叔说："这是因为当空气在外力的作用下振动起来时会发出响声。我们可以根据这个原理来联想一下闪电和随之而来的雷声。闪电是出现在天空中的巨大的电火花，是由气流在雷雨云中剧烈运动引起的。当天空出现闪电时，闪电周围的空气会受热膨胀发出爆炸声。闪电下方地面上的人会听到云层中发出劈啪声，远处的人会听到隆隆的雷声。"

## 球状闪电

球状闪电是一种非常罕见的闪电,它大多出现在强雷雨的恶劣天气里。这种闪电有大有小,大的直径有几米,小的只有几厘米。它们沿着弯弯曲曲的路径在天空游荡,有时随着气流慢慢飘动,有时却悬在空中;有时发出白光,有时发出粉红色的光。这种火球还喜欢"钻洞",有时从烟囱、窗户、门缝"窜"入屋子里,在屋子里转一圈后又"溜"了出去。它消失时常发出一声沉闷的巨响。

球状闪电从出现到消失所用的时间只有几秒钟到几分钟。球状闪电的这些怪"脾气",有人认为是由化学过程引起的。在线状闪电时,由于闪电通道里的空气温度很高,使空气中的水分解成氢气和氧气。在某些条件下,闪电通道裂成几块,组成一团团含氧气和氢气的气块。当高温气体冷却时,氢气和氧气又化合成水。

一天,孔墨庄叔叔对皮皮说:"打雷时,空气中的氧气会生成有着难闻气味的气体——臭氧。"

皮皮恍然大悟,说道:"怪不得人家说'打雷是上帝在放屁',原来是真的啊!"

# 人造"小闪电"

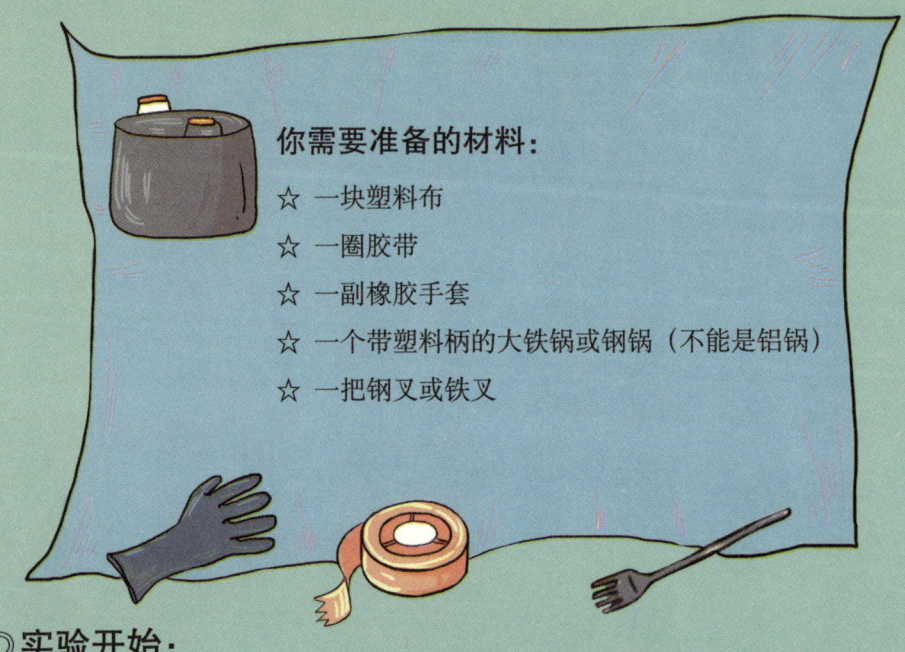

你需要准备的材料:
☆ 一块塑料布
☆ 一圈胶带
☆ 一副橡胶手套
☆ 一个带塑料柄的大铁锅或钢锅(不能是铝锅)
☆ 一把钢叉或铁叉

◎ 实验开始:

1. 用胶带把塑料布固定在桌子上;

2. 戴上手套;

3. 握住大锅的手柄,与塑料布强烈摩擦。因为平底锅会带电,最好用带有绝缘手柄的锅;

4. 用另一只手拿叉子,将叉脚慢慢靠近锅底。

## ◎有趣的发现：

你会发现，当叉子与锅底间距离很小的时候，在它们之间就会跳出个小的静电火花，就像一道小闪电。

皮皮问："为什么会出现火花呢？"

嘉嘉："我以前听老师讲过摩擦起电，但是一直不相信真有此事！"

丹丹："那么，天空中的闪电是谁和谁摩擦产生的呢？"

孔墨庄叔叔说："这是因为大锅经过与塑料布的摩擦后，产生了很多电荷，当我们用手拿着叉子靠近大锅的时候，大锅上面过多的电荷就会对叉子放电啦！这种方法只能产生很小的火花。如果拉上窗帘或在黑暗的房间里做这个实验效果会更好些。闪电是暴雨云之间或云与地面之间的强烈放电现象。闪电很容易被尖状的金属物吸引，因此许多高的建筑物都在顶部装有一个被称为'闪电传导器'的金属尖，并通过导线把它与地面相连。这根导线能把闪电引离建筑物，减少建筑物被雷击而损坏的危险。"

## 本杰明·富兰克林

在18世纪,美国科学家本杰明·富兰克林进行了一系列关于电的实验。其中一个实验是这样的:他在暴风雨中放飞了一个丝绸风筝,在风筝上带了一个金属杆,在风筝的下端系一枚钥匙,在钥匙上再系一条丝绳。在暴风雨期间,富兰克林通过这个装置进行电学实验。后来有几个人试图重复富兰克林的实验,但都被电击而亡。富兰克林很幸运,没有伤到自己。但小朋友可不要尝试做这个实验!

皮皮:"有一次篮球比赛,我好不容易运球越过一群对手,刚要投球,教练就像一团乌云一样出现在我的头顶,生气地把我的球扣下了。"

孔墨庄叔叔问:"那教练为什么发火呀?"

皮皮答:"我想是因为他变成了乌云的缘故,当乌云飘来时,就肯定会产生雷电吧……"

孔墨庄叔叔说:"借口!我觉得肯定是因为你犯规了,教练才会发火。"

# 空气是这样热起来的

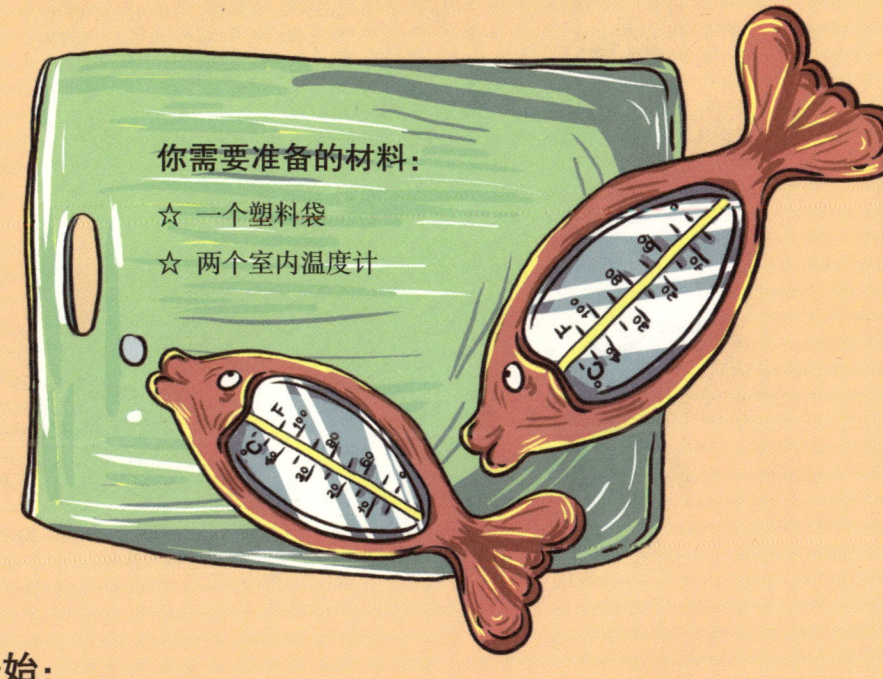

你需要准备的材料：

☆ 一个塑料袋
☆ 两个室内温度计

◎实验开始：

1．把一个温度计放在塑料袋中；
2．把放有温度计的塑料袋放在阳光充足的地方；
3．把另一个温度计放在塑料袋的旁边；
4．大约10分钟以后，看看两个温度计上的读数。

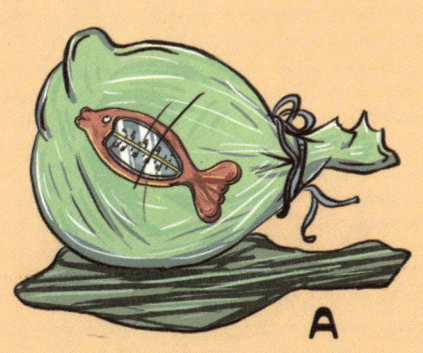

A

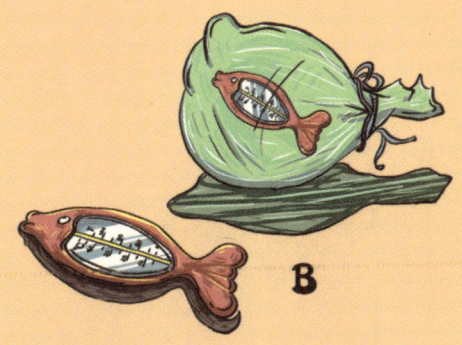

B

◎ 有趣的发现：

你会发现，塑料袋中的温度会明显升高。

丹丹拧着眉头说："我觉得，塑料袋子里面和外面的温度应该一样啊！"

皮皮："这要说的是大自然中的什么天气呢？"

嘉嘉："难道袋子有保温的作用？"

孔墨庄叔叔："当太阳光透过塑料袋的时候，袋子里面的空气由于吸热会让温度升高。因为里面只有部分的热量会散失掉，所以塑料袋里面的温度就会像暖房的温度一样慢慢地上升。随着汽车废气和工业废气越来越多，空气中的二氧化碳也越来越多了，这就造成了'温室效应'，它让我们的地球越变越暖，这导致南北极的冰雪融化，全球的海平面因此上升，这样一些沿海地区会被淹没，所以，我们从现在开始就应该有意识地进行环保啊！"

# 沿海地区的好天气

你需要准备的材料：
- ☆ 两个塑料杯
- ☆ 适量纯净水
- ☆ 适量泥土
- ☆ 一个室内温度计
- ☆ 一个冰箱

◎ 实验开始：

1. 在一个杯子里面装满了水，另一个杯子里装上土壤；
2. 将两个杯子全都放进冰箱里；
3. 15分钟后，从冰箱里面取出杯子，把它们放在太阳光下面；
4. 20分钟以后，用温度计测量一下水和泥土的温度。

◎有趣的发现：

你会发现，泥土的温度比水的温度要高。

皮皮："我夏天的时候觉得水都是烫的！"

嘉嘉："是呀，也许我们应该脱了鞋感受一下土地的温度？"

丹丹："孔墨庄叔叔，这是为什么呀？"

孔墨庄叔叔："由于泥土的颜色深一些，所以，泥土表面的蓄热能力会比较好些。当阳光射进水里面以后，热量会在水里面传导开来。最主要的是，水的比热会比泥土的比热大些。加热同等量的水和泥土，水需要的热量会更多一些。海洋里面的水在夏天的时候温度上升得很慢，热能进入到很深的水层里面，到了冬天，才会被慢慢地释放出来。海洋是一部天然的蓄热器，这就是沿海地区有冬暖夏凉的良好天气的原因。"

## 什么是沿海地区

沿海地区是指有海岸线（大陆岸线和岛屿岸线）的地区。美国认为，沿海也包括海洋与陆地交汇地区内众多的地理分区。沿海地区一般都是生态环境优美、适合人类居住、有利于发展经济的"精华地区"。